ひと目で

図●▲解

特殊材

改訂版

吉澤　武司

まえがき

電車や自動車が地上を走っている。

その乗客から見れば，地面が反対方向に走っていることになる。

このとき，（相対性理論では）

    地上(地上に静止している空間)

    車上(地上を一定速度で走る車の中の空間)

の両空間で奇妙なことが起る。

地上から見ると，車上の空間では

    時間が遅れる(時間のテンポがゆっくりとなる)。

    進行方向に，あらゆる物が縮む。

    質量が増加する。

車上から見ても，地上の空間で

    同様のこと(時間の遅れ，空間の収縮，質量の増大)が起る。

本書は，そのわけを，独自の図法とやさしい数式を用いて，わかりやすく解説したものである。

本書の図法では，地上と車上の両空間とも，各座標軸の目盛間隔が同一となる(目盛の換算がない)ので，相対論特有の

    ローレンツ変換，速度の加算，ドップラー効果，質量の変化

などが，数式を含めて極めて簡単に説明できる。このため本書は漫画的な説明とも相まって，少ないページ数になってしまった。

しかし，本書は通俗的な説明書ではなく，ローレンツ変換などの数式を正確に説明するために，数式も多用している。このため，むしろ中学程度の数学書ともいうべき内容になった。

本書は，純粋に理論の内容のみの解説書である。

【相対性理論誕生までの経緯の概要】

1678 年にオランダの

　　ホイヘンス（Christiaan Huygens, 1629〜1695）

が，光の波動説を提唱した。

波動の伝播には媒質が必要である。（音波の媒質は空気）

光波の媒質は仮にエーテルと呼ばれた。

1865 年には，英国の

　　マックスウェル（James Clerk Maxwell, 1831〜1879）

が電磁気学の基本方程式を発表し，光が電磁波であることを証明している。

光は宇宙の真空中でも伝わるので，媒質のエーテルは宇宙に充満していると考えられる。

「エーテルの中を地球がどのような速度で移動しているのか？」は，当時の興味ある問題とされていた。

1881 年，米国の

　　マイケルソン（Albert Abraham Michelson, 1852〜1931）

は，精密な干渉計を発明した。これは 2 本の光線を重ね合わせ，生じた干渉縞のズレから光の波長を精密に測定する装置である。

この装置では，短い距離を高精度で測れるので，メートル原器の誤差測定などにも使われるようになる。

こうした業績が評価され，後に彼は米国人としてはじめてノーベル物理学賞を受賞する。

さて，彼には，もう一つ重要な目論見があった。

それがこの精密な干渉計を用いた

　　「地球のエーテルに対する**運動（移動**の意）」の検出

である。

　一つの光線を半透明の鏡で地球の進行方向と直角方向の二つに分け，それぞれの光線を別の鏡で反射させて，再び元の半透明の鏡に合流させ，干渉計に導く。その干渉縞により，地球のエーテルに対する相対運動（移動）」がわかるという仕組みである。

　同年にマイケルソンは，ベルリンで予備試験を行った。

　次いで 1887 年に，マイケルソンは，同じ米国の

　　モーリー（Edward Williams Morley, 1838～1923）

とともに，この干渉計を用いて精密な実験を実施した。これは**マイケルソン・モーリーの実験**として物理学史上有名である。

　しかし，結果は予想に反して，

　　地球上の光速度はどの方向にも同じである。

　　よって，**地球はエーテルに対して静止している。**

というものであった。天動説を思わせるようなこの結果は当時の物理学者たちを悩ませた。

　　アルバート・アインシュタイン（Albert Einstein, 1879～1955）

は，この結果を自然の原理として容認し，改めて物理学理論を再構築した。こうしてできたのが相対性理論である。最初の論文は

　　「移動している物体の電気力学」（1905 年 6 月）

である。さらに 10 年後には，重力や加速度のある空間も対象にした理論を構築した。これを「一般相対性理論」という。

　これに対して，一定速度，無重力のみに限定した最初の理論を「特殊相対性理論」という。しかし，特殊相対性理論でさえも，その考えは当時は勿論，現在でも常識とは異なるので，相対性理論の難しさの一因となっている。

　本書は，「特殊相対性理論」の解説書である。

【用語解説】

運動（motion）：物体が位置を変えること。ここでは，高速度で移動，走行すること。

運動量（momentum）：質量 m の物体が速度 v をもつ場合の mv のこと。惰性，はずみ，勢い。

質点（particle）：質量をもった点。物体の運動を論ずるにあたり，物体の大きさを考えに入れないと事柄が簡単になる。そこで，質量はあるが，体積が極めて小さく，点として取り扱いうるような物体を考える。これを質点という。

波動（wave motion）：

水面波

静かな水面の一点を一定の振動数 n（1秒間に n［回］）で上下動させると，一定速度（1秒間に，v［m］）で，周囲に山（高い所）と谷（低い所）を交互に作りながら，円形状態に広がっていく。一つの山から次の山までの長さ λ［m］を波長という。

$$v = n\lambda$$

音波

空気中の一点で物体を振動させると，周囲の空気に気圧の強弱ができ，これが一定速度で，球形状態に広がっていく。これが聴覚に音として捉えられる。振動 n が多いほど高い音となる。

電磁波，光波

アンテナに振動電流を流すと，周囲の電磁場に強弱の振動的な変化が生じ，これが周囲に山（強い所）と谷（弱い所）を交互に作りながら，円形状態に広がって伝播していく。これが電磁波である。

光波も電磁波の一種であり，その伝播速度は c［m/秒］で表す。可視光では，振動数 n の高い方が紫色，低い方が赤色となる。

目　次

ひと目でわかる

図　解

特殊相対性理論

改訂版

1. 空 　間

1.1　静止空間 A

　地上の静止空間 A は，ある一点 A から四方八方に広がっている。

　点 A を基準(原点)として，前後方向に直線の x 軸(1 次元)を
設置する。

　点 A から左右方向に直線の y 軸を設置する。

　その方向に x 軸を移動させると xy(2 次元)平面ができる。

　点 A から上下方向に直線の z 軸を設置する。

　その方向に xy 平面を移動させると xyz(3 次元)空間ができる。

　xyz 軸は互いに直交している。

　xyz 軸の目盛はすべて等間隔(例えば 1 m)とする。

　これで，点 A から四方八方に広がった空間が満たされた。

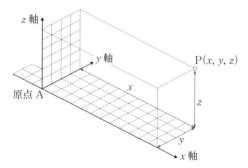

　空間の一点に映画のカメラを三脚で据えて，周囲を撮影する。

　フィルムの 1 コマには，(以下は仮定である。)

　　空間全体が**同時刻**で記録される。……**現在**の空間として。

　　過去，未来の空間は記録されない。存在しないから。

◎　静止空間では**すべての場所(位置)**で**同時刻**である。

1.2　移動空間 B の広がり(3 次元)

　静止空間の中を一定速度 v で移動する空間 B を想定する

　地上空間 A に重なった分身の空間 B が，速度 v で離れて t [秒]後。

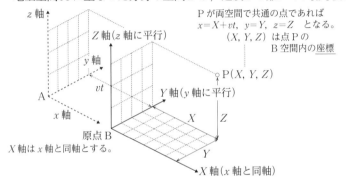

P が両空間で共通の点であれば
$x=X+vt,\ y=Y,\ z=Z$　となる。
　(X, Y, Z) は点 P の
　　B 空間内の座標

z 軸
Z 軸(z 軸に平行)
y 軸
A
vt
Y 軸(y 軸に平行)
P(X, Y, Z)
x 軸
X
Z
原点 B
X 軸は x 軸と同軸とする。
Y
X 軸(x 軸と同軸)

1.3　空間の広がりを平面で表す

　重力の無い空間では z 軸など，x 軸と直交する軸は，すべて y 軸と同等である。

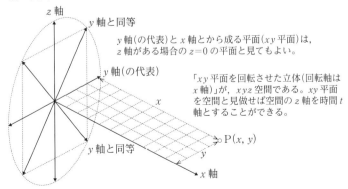

z 軸
y 軸と同等

y 軸(の代表)と x 軸とから成る平面(xy 平面)は，
z 軸がある場合の $z=0$ の平面と見てもよい。

y 軸(の代表)

「xy 平面を回転させた立体(回転軸は
x 軸)」が，xyz 空間である。xy 平面
を空間と見做せば空間の z 軸を時間 t
軸とすることができる。

x
y 軸と同等
P(x, y)
y
x 軸

2.　時間と空間

空間を映画撮影し，その平面を第1コマから順に積み上げて見る。

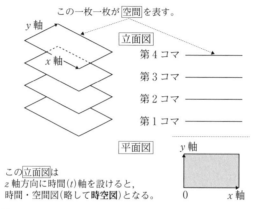

この一枚一枚が 空間 を表す。

y 軸

立面図

第4コマ ───────

第3コマ ───────

第2コマ ───────

第1コマ ───────

x 軸

平面図

y 軸

0　　　　　x 軸

この 立面図 は
z 軸方向に時間(t)軸を設けると，
時間・空間図(略して**時空図**)となる。

時間 t 軸を z 軸の位置に置く。

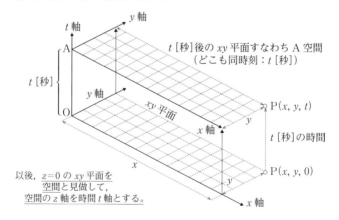

t 軸

A

t [秒]

O

y 軸

y 軸

xy 平面

x 軸

x

t [秒]後の xy 平面すなわち A 空間
（どこも同時刻：t [秒]）

P(x, y, t)
y

t [秒]の時間

P($x, y, 0$)
y

x 軸

以後，$z=0$ の xy 平面を
空間と見做して，
空間の z 軸を時間 t 軸とする。

これを次のような 2 種類の直交図で表す。

<u>上図（立面図）が，時間 t 軸・空間 x 軸から成る時間・空間図（略して時空図）</u>
下図（実図は平面図）が，空間 x 軸・y 軸から成る空間図

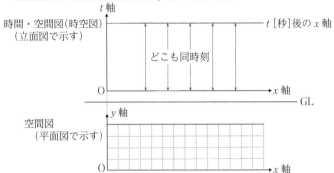

2.1 点 A からの光波の発射

A, B 両原点が離れる瞬間に，その点から光が発射された。

これを，前述の映画のコマごとに画いてみる。

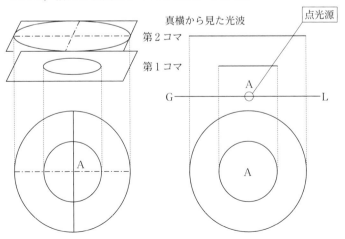

2.2　空間 A における光波と点 B

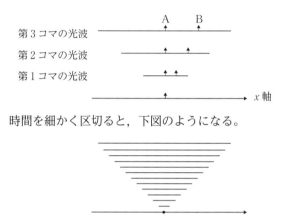

時間を細かく区切ると，下図のようになる。

各コマの間を連続的に埋めると，下図のような円錐になる。
これを，「光円錐」という。

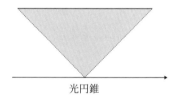

光円錐

2.3　空間はどこでも同時刻であるという主張について

　　目前を移動する空間では，場所によって時刻が異なる
という現象があるので，原論文では詳しく論じているが，本書で
は省略した。
　　自分とともに静止している空間では，どこでも同時刻である
という主張である。

3. 基本となる二つの原理

3.1 特殊相対性原理

A（地上）空間で物理的現象を支配する法則は，B（車上）空間でも同様に成り立つ。

A 空間に対して等速度運動をする

両者は，対等な空間である。

3.2 光速度不変の原理

光は，真空中を，光源の運動状態に関係なく，同一の速度 c をもって伝播する。（A 空間でも，B 空間でも，どの空間でも）

ここで，$c = 299,792,458$ m／秒

3.3 特殊相対性理論とは

「特殊相対性原理」と「光速度不変の原理」により

A 空間（地上に静止している空間）

B 空間（地上を一定速度で走る車の中の空間）

の両空間で

時間の経過，空間の尺度，質量

などが異なることを解明した物理理論である。

【解説】

　原論文では，冒頭で磁石と電線との相互作用(電磁誘導現象)やマイケルソン・モーリーの実験を説明した後に，次のように述べている。(要旨)

> 　このようないくつかの事例を見ると，ニュートン力学のみならず，電気力学においても，「絶対静止空間という概念に対応するような現象はまったく存在しない」という推論に達する。この考えを推し進めれば，
> 　「A および B 座標系でニュートン力学が成り立つならば，電気力学，
> 　　光学などの法則も，A および B 座標系でまったく同じ形で成り立つ」
> といえる。この推論を物理学上の原理としよう。
> 　　　　　(これを相対性原理と呼ぶことにしよう)
> 　また，これと一見，矛盾しているように見える光速度不変の原理も導入しよう。すなわち，
> 　「光は真空中を，光源の運動状態に関係なく
> 　(A 座標系でも B 座標系でも同一の)一定の速度 c で伝播する」
> という仮定である。
> 　静止している物体に関するマックスウェルの理論に基づいて，運動している物体に関する [単純で，かつ，一貫した] 電気力学を建設するためには，これら二つの仮定だけで十分である。
> 　これから展開する新しい考え方によれば，
> 　「特別な性質をもった"絶対静止空間"」は不要である
> という意味で，「"光のエーテル"を導入する必要はない」ことがわかるであろう。　（光波を伝播させる媒質）

【解説】　光速度不変の原理と常識との相違

一般常識では，　x方向に

B(車上)空間において速度 u で走る「物体」は，
A(地上)空間で見れば速度 $v+u$
で走ることとなる。

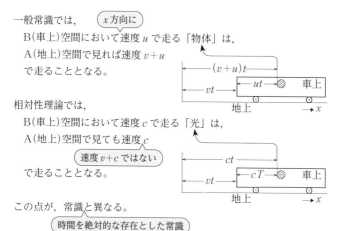

相対性理論では，

B(車上)空間において速度 c で走る「光」は，
A(地上)空間で見ても速度 c
速度 $v+c$ ではない
で走ることとなる。

この点が，常識と異なる。

時間を絶対的な存在とした常識

相対性理論では，「各空間における光速度 c」を絶対的存在として「時間とは何ぞや」と考える。

3.4 時間とは

$$c = \frac{\text{光の進行距離}}{\text{時間}} \qquad \therefore \text{時間} = \frac{\text{光の進行距離}}{c}$$

　すなわち，光速度不変の原理は，「時間」を

　　「光の進行距離を光速度 c で割った値」

と定義したこととなる。

　定数 c で割る操作は，<u>単位を合わせるため</u>にすぎない——と考えれば，

　　「時間」とは，「光の進行距離」である，といえる。

　　（各空間における「光の進行距離」こそが，「時間」の本質である。）

　そこで，本書では「時間(t)」の代わりに

　　「光の進行距離(ct)」を用いる。

　なお，光波には停止，逆行はない。

　ゆえに，時間にも停止，逆行はない。

【解説】　時間について

　ニュートンの力学では，「すべての物体は外から力の作用を受けない限り，静止または等速直線運動の状態を持続する」という第一法則(または慣性の法則)がある。静止は，速度がゼロという等速度の特別な場合である。

　「速度」とは，物体が移動した「距離」を，「移動時間」で割った商である。移動した「距離」は眼でも見えるから測定できるが，「時間」は，どのように測定するのだろうか。

　「時間」は最初，地球の自転速度がほぼ一定と考えられて，一太陽日が定められた──とされている。

　しかし，別の精密な時間の測定から，一日の長さが季節によって異なることがわかったので，「時間」はその精密な時計によって測定され，時・分・秒などの単位が定められることとなった。

　この時点で，天体の動きは，関係が途切れてしまった。

　その精密な時計の動く原理は，振り子の等時性やゼンマイによる天符の等時性など(ニュートンの力学の法則から導かれる原理)が基になっているから，精密時計による「時間」は，結局

　　「力の加わらない物体」が移動した距離

に比例していることがわかるであろう。

　したがって，このような定義で作られた「時間」で，力の加わらない物体の「移動距離」を割れば，その商すなわち速度が，一定値であることは当然である。つまり，ニュートンの第一法則(または慣性の法則)は

　　「時間」とは「力の加わらない物体が移動した距離」である

とした定義にほかならない──と解釈することができる。

　さて，光速度不変の原理に戻る。光速度の式を書き換えると，「時間 t」は「光の進行距離 ct」を定数 c で割った数値になっている。

　この「定数 c[m/秒]で割る」という割り算は，[m]という単位から[秒]に単位を合わせるための操作でもある──と考えられるから，「時間」の本質は各空間における「光の進行距離：ct や cT」である──と解釈すべきであろう。本書では，この考え方で説明する。

4.　光波の伝播の図法

4.1　光円錐

　相対性理論の発端となった光波(電気の伝わる波動と同等)の先端を時間的に結ぶと，下図のような「光円錐」となる。(A 空間において)

　軸の 1 目盛を，t 軸は 1 秒，x 軸は c [m]とすると，傾斜角は 45°となる。

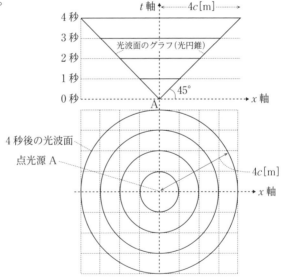

　光速度不変の原理における

　　「光が，あらゆる方向に，同じ速度(c [m/秒])をもって伝播する」という状態は，上記の「光円錐」の状態である。

4.2　A, B 空間の共通の点光源からの光波

　A, B 両原点が一致した瞬間に，この点から閃光(flash)が発射される。

　この瞬間からの経過時間を，

　　　地上(A)の時間は　t [秒]　　車上(B)の時間は　T [秒]

とする。地上(A)空間では t [秒] 後には，B は $x = vt$ の位置にある。

　　　(下図では $t = T = 4$)

　光は両空間とも一致した原点(A は静止，B は走行)を中心に，あらゆる方向に(ここでは $\pm x$ 方向に)光速度 c [m/秒] で伝播しなければならない。(光速度不変の原理により)

　しかし，下図では B 空間が，そうなっていない。これは**図が正しくない**。

c ではなく，x 方向に$(c-v)$，$-x$ 方向に$(c+v)$ [m/秒]となっている

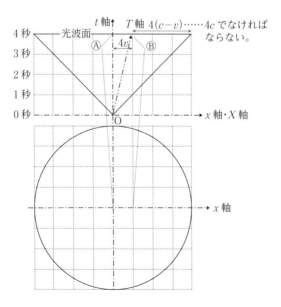

4.3 B空間のX軸を傾ける

X軸をx軸からθの角度だけ傾ければ，B空間でも光速度cとなる。

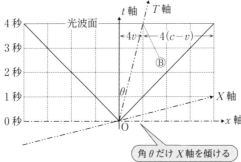

B空間をA空間に重ねて見る。

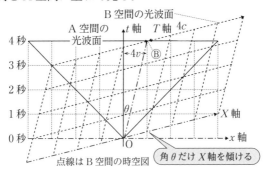

これで，B空間でも光波面は光速度c [m/秒] で伝播した図ができた。

時間軸と空間軸とを傾斜させる——という表示方法は，1908年に，数学者

ヘルマン・ミンコフスキー(Hermann Minkowski, 1864～1909)が考案したので，「ミンコフスキー図法（または図式）」などといわれている。名案である。

　しかし，A空間とB空間で，座標軸の目盛寸法が異なるという欠点がある。

4.4　B空間の斜交図の特徴

　B空間でも，時刻はどこも同じである。これはB空間固有の時間である。

　しかし，A空間からB空間を見ると，

**　B空間の時刻は，場所によって異なっている。**

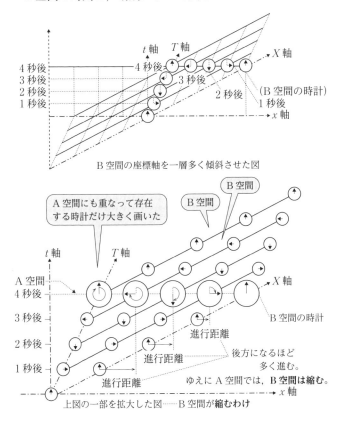

B空間の座標軸を一層多く傾斜させた図

上図の一部を拡大した図——B空間が**縮む**わけ

A 空間では，後方から詰め込まれて**収縮した** *X* 軸を見る。

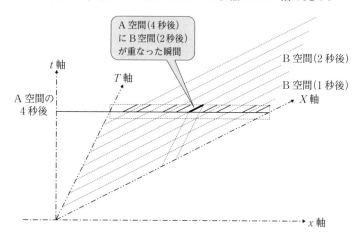

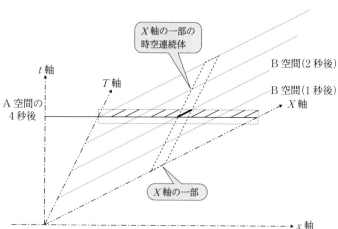

4.5　棒の時空連続体(B 空間)

　B 空間の棒の時空連続体は　この　四辺形

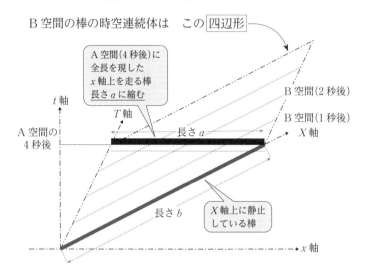

　B 空間に静止する棒(長さb)は，1 秒後，2 秒後と時間が経つにつれて T 軸の方向に平行移動し，XT 平面に連続したグラフを形成する。この部分を棒の「時空連続体」という。

　この「時空連続体」は A 空間とも重なって存在し，

　4 秒後の A 空間では

　　x 軸上を 4 秒間移動した位置での長さ a の棒の姿

となって存在している。

　　$a < b$ であるから，棒は進行方向に縮んだことになる。

　　(これは，前述の目盛の現象とは異なる。)

　走ると縮む現象は，X 軸を傾けたことが原因であるから，すなわち，光速度一定の空間に必然的に生ずる現象である。

　これは，**B 空間全体が進行方向に収縮する**ことを意味する。

5. 新しい図法

時間軸と空間軸とを傾斜させる「ミンコフスキー図法」は，座標軸の傾斜に応じて，その座標軸の目盛を変えなければならない。

この不便さを解消したのが，本書の図法である。

5.1 時間・空間図の直交座標

縦（前後），横（左右）の 2 方向にのみ広がる平面の板——これを空間と見做して，表面に **x 軸**，**y 軸**という**座標軸**を設ける。その交差点を，原点 O とする。

空間の全座標点には，同じ性能の時計が据え付けてある。

この板の O 点から垂直（上）方向に**時間(t)軸**を設ける。

O 点の位置には，光源となる点 A と B が移動しており，また**質量の等しい**二つの**質点**が静止している。

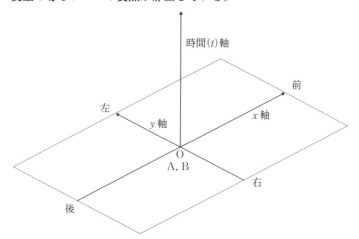

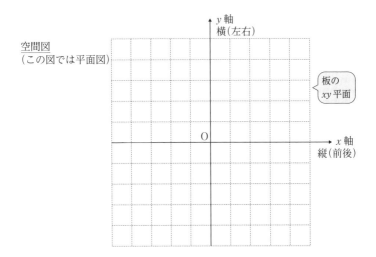

この板一枚を横から見ると，一本の水平な直線となる。

この板(実は空間)を垂直方向に1秒間隔で積み上げて見ると，時間(t)・空間(x)図，略して時空図となる。

4秒後の時刻を現在とすると，それより下部は**過去**，上部は**未来**。

過去と未来の空間は，今は**実在しない**。

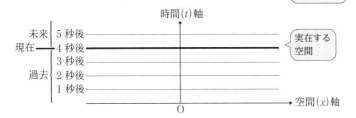

5.2 光源 A, B の分離と光の伝播

ある瞬間に，この <u>O 点から閃光(flash)が発射された</u>。

この瞬間に，<u>全時計の針を 0 秒に合わせる</u>。

同時に点 A と B が分かれた。両点は**光源**である。

光源 B は前方に，光源 A は後方に，等速度で移動・走行している。

元の<u>地上空間を C 空間，その原点を C</u> と呼ぼう。

空間 C では，<u>原点 C は常に点 A–B 間の中央点(center)</u>であり，質点の<u>重心</u>ともなる。

この点からの光は速度 c [m/秒] で全方向に伝播する。

時計が固定された各空間では，時計はどこでも常に同時刻を示す。

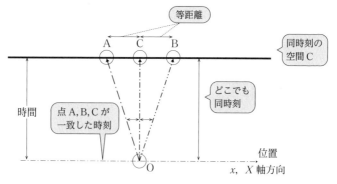

A, B を原点とする空間の座標軸を，それぞれ

空間 A(xy 軸)，空間 B(XY 軸)とする。

<u>x 軸と X 軸は同軸</u>(A–C–B を結ぶ直線)とする。

<u>y と Y とは平行軸</u>となる。

以上の条件を順次図示する。

5.3　空間C(地上の空間)では

空間Cとは，<u>点Cが静止している空間</u>。

空間Cにおいては，<u>点Cは常に，点A–B間の中央点(center)</u>となる。(空間A, Bにおいては，Cは中央点ではない。時刻が違うから。)

点Cから見て，光は速度c[m/秒]で伝播している。

光速度不変の原理を満たす

空間図
(この図では平面図)

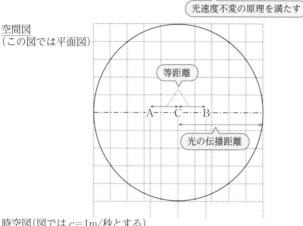

等距離

A C B

光の伝播距離

時空図(図ではc=1m/秒とする)
　　c=1m/秒とすると光波伝播の傾斜角が45°となる。

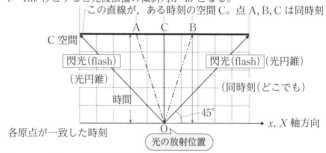

この直線が，ある時刻の空間C。点A, B, Cは同時刻

C空間

A C B

閃光(flash)
(光円錐)

閃光(flash)(光円錐)

(同時刻(どこでも)

時間

45°

O

x, X軸方向

各原点が一致した時刻

光の放射位置

空間A, Bはまったく同じ性質の空間であり，OC軸に対して対称とする。
(空間A, Bが電車空間，空間Cが地上空間と思えばよい。)

5.4　斜交図

　下図は，2目盛の「四辺形の辺」と「正方形の辺」とを同じ長さにした図である。

　どちらも同じ意味を表す図である。

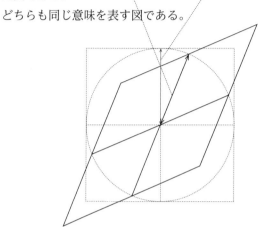

前者は「斜交図」で，今後，「時間・空間図」に使用する。

直交図

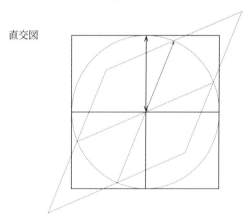

5.5 空間 A の時空図（図では C=1m/秒）

光源 A と並んで走って見ると，光源 A は静止している。この空間が，空間 A である。

時空連続線 OA, OB, OC の位置関係は，空間 A から観測しても空間 C と変わらない。変わるのは，時空図で空間 A という平面（図では直線）が傾斜すること。

このため空間 A 内では，点 A, B, C の位置関係は変わる。

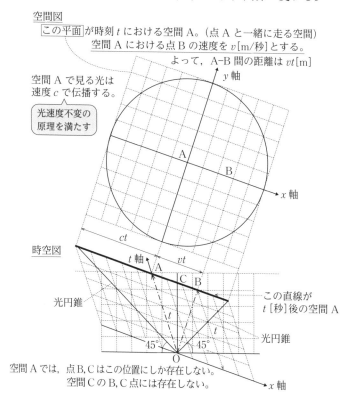

空間図

この平面 が時刻 t における空間 A。（点 A と一緒に走る空間）
空間 A における点 B の速度を v[m/秒]とする。
よって，A–B 間の距離は vt[m]

空間 A で見る光は速度 c で伝播する。

光速度不変の原理を満たす

y 軸

A

B

x 軸

ct

時空図

t 軸　vt

A
C B

この直線が t [秒] 後の空間 A

光円錐

t

t

光円錐

45°　45°

O

x 軸

空間 A では，点 B, C はこの位置にしか存在しない。
空間 C の B, C 点には存在しない。

5.6　空間 B の時空図（図では C＝1m/秒）

　点 B も，動く光源である。

　光源 B と並んで走って見ると，光源 B は静止している。この空間が，空間 B である。

　光波は，光源 B から一定速度 c[m/秒] で伝播する光円錐となっているが，この光円錐は，一定速度 v[m/秒] で走る光源 A から一定速度 c[m/秒] で伝播する光円錐と同じ光円錐でもある。（光速度不変の原理）

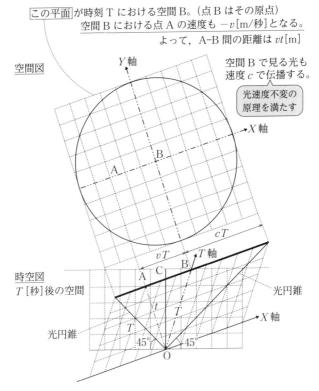

この平面 が時刻 T における空間 B。（点 B はその原点）
空間 B における点 A の速度も $-v$[m/秒] となる。
よって，A–B 間の距離は vt[m]

空間図

空間 B で見る光も速度 c で伝播する。

光速度不変の原理を満たす

Y 軸

X 軸

B

A

cT

時空図
T[秒]後の空間

vT　T 軸

A　C　B

光円錐

光円錐

t

T

T

X 軸

45°　45°

O

5.7 各空間を重ねた図 1

点 A, B から見て**各空間で光は速度 c [m/秒]で伝播**している。光円錐は共通である。

よって，この図法は**光速度不変の原理**を満たしている。(特長1)

重心は点 C_0 ではなく，点 C となる。

5.8　速度 v が変わると角度 θ が変わる

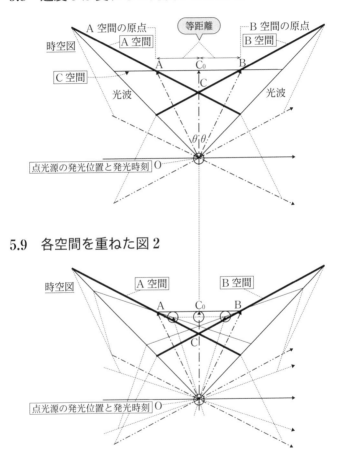

5.9　各空間を重ねた図 2

5.10　光速度不変の原理と光円錐

光速度不変の原理においては

「光が，あらゆる方向に，同じ速度をもって伝播する」

という状態は，「光源を頂点とする光円錐」の状態である。

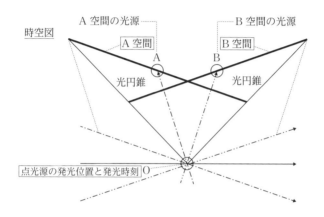

光速度不変の原理は次のように続く。

一つの静止系(例えば空間 A)を基準にとった場合，

「いかなる光線も，それが静止している物体(例えば光源 A)，

あるいは運動している物体(例えば光源 B)

のいずれから放射されたかには関係なく」

すなわち「光源の運動状態に関係なく」

常に一定の速さ c をもって伝播する。

すなわち光源 O を頂点とする頂角 90°(A, B 共通)の錐面の状態で伝播する。

次のような文章もある。

　　光は真空中を，光源の運動状態に無関係な，一つの定まった
　　速さ c をもって伝播する。

　これらの条件は，いずれも前ページの**時空図**で満たされている。

【定　理】

　空間 B は，空間 A が自空間の中を速度 v で走行した姿である。

　　空間 A に静止している物体が速度 v で走行したら，

　　空間 B で静止している物体と同じ性質となる。

　すなわち，ある空間(例えば地上)に静止している空間が速度 v
で移動(走行)すると，その空間では(地上から見て)

　　長さが縮む。

　　時間が遅れる。　◁─┤ 空間 A の時計が5時間経過を指すのに
　　　　　　　　　　　　空間 B の時計は4時間経過を指す等

　　質量が増大する。(後述する。)

という現象が生ずる。

5.11 時空図の時間軸を拡大する

本図法では空間 A と B の座標軸は，すべてが OC 軸に対して対称である。

OA 線を，点線の OB 線に重なるように，本紙を折り畳んで見れば事情がわかる。

よって，空間 A と B の座標軸の目盛間隔が等しい。(特長 2)

本図法では，**空間 A, B, C の各時間軸は，空間 A にも，空間 B, 空間 C にも共通の時空連続体として存在している。**(特長 3)

(例えば，OA 軸はすべてが点 A，OB 軸はすべてが点 B の連続体)

空間 A の x 軸と B の cT 軸は直交する。B の X 軸と A の ct 軸も直交する。(特長 4)

このため，次式が使える。

$$\frac{v}{c} = \beta = \sin 2\theta, \qquad \sqrt{1-\beta^2} = a = \cos 2\theta$$

$$\therefore \tan\theta = \frac{\sin 2\theta}{1+\cos 2\theta} = \frac{\beta}{1+a}$$

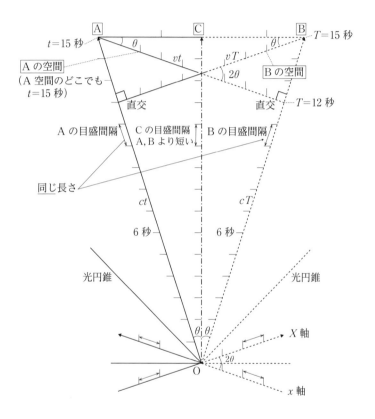

【解説】

　この図は，元来は空間 C から見た時空図である。しかし一方では，原点 A，B の軌跡を，それぞれ空間 A，空間 B の時間軸と考えて，斜交座標を画いた図であり，かつ，その両者を重ねた図でもある。

　これら OA, OB, OC の 3 軸は，空間 A，空間 B，空間 C に共通した時空連続線であり，空間 A，空間 B，空間 C の直線と交差した点が，各空間内のそれぞれの時刻に現れた点 A, B, C の位置を示す。

　時刻 0 に放射された光線は，A, B, C 共通に，水平線から角度 45°の直線で画かれている。

> 空間 A，空間 B の各座標軸は
> 直線 OC に対称的になっており
> それぞれの目盛間隔は完全に一致
> していて，<u>図の寸法どおりであるから</u>
> 換算は不要で，わかりやすい。

これが本書の
最も誇るべき特長

　上部の水平線は，$t = T = 15$ 秒後の空間 C を示している。

　空間 C の座標軸の目盛は，空間 A，空間 B の座標軸の目盛と異なるが，これは問題ない。空間 A と空間 B の座標軸目盛だけが等しければよい。

　空間 C では，**A–C 間と C–B 間の距離が等しければ**，それだけでよいのである。

　空間 A，空間 B の時間軸の開き角度を 2θ とすれば，X 軸と x 軸との角度も同じ 2θ となり，X 軸と ct 軸は直角に交差する。

　同様に，x 軸と cT 軸も直角に交差する。

　　図では，$\beta = 3/5$ とした。　∴ $a = 4/5$　また，$\tan\theta = 1/3$
　　　　　　$\beta = 4/5$ とすると　　$a = 3/5$　また，$\tan\theta = 1/2$

5.12　空間 A の斜交座標

　下図の ◯ 印の点 B，C は，空間 C の点 B，C ではない。
これらの点は，空間 C とは時刻の異なる点なので，空間 C には
存在しない点なのである。

　空間 A の中には居るが，静止しておらず，相互に異なる速度
で走行しているので，静止している物体よりも経過時間が遅れて
いる。

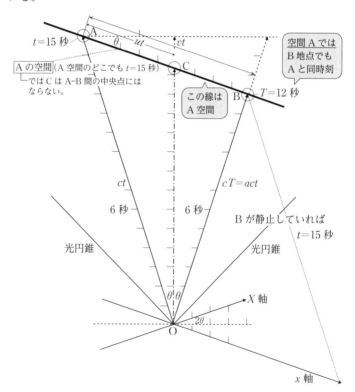

　点 A, B が点 C から離れた距離は，経過時間に比例しているが，それは空間 A では，わからない。

【解説】

　この図は，次の順序で作成する。

　まず，$\beta(=v/c)$ を計算する。　次に，$2\theta(=\sin^{-1}\beta)$ を計算する。

　時刻 0 における原点から，斜線 ct 軸および cT 軸を画く。

　同様に，斜線 x 軸および X 軸を画く。

［例 1］　相対速度 $v=0.6c$ の場合は——$\beta=0.6(=3/5)$

　　　　　$2\theta=\sin^{-1}0.6=36.87°$　　$\therefore \theta=18.44°$

　　　　　この角度は，$\tan\theta=1/3$ となるので，3 目盛だけ上がって横に 1 目盛
　　　　　　　　　　　　　　　　　　　　　………の比率で直線を引けばよい。

［例 2］　相対速度 $v=0.8c$ の場合は——$\beta=0.8(=4/5)$

　　　　　$2\theta=\sin^{-1}0.8=53.13°$　　$\therefore \theta=26.57°$

　　　　　この角度は，$\tan\theta=1/2$ となるので，2 目盛だけ上がって横に 1 目盛
　　　　　　　　　　　　　　　　　　　　　………の比率で直線を引けばよい。

【参考】

　上記の計算は，次の公式による。

$$\frac{v}{c}=\beta=\sin 2\theta, \qquad \sqrt{1-\beta^2}=a=\cos 2\theta$$

$$\therefore \tan\theta=\frac{\sin 2\theta}{1+\cos 2\theta}=\frac{\beta}{1+a}$$

　空間 A において，x 軸の平行線は同じ時刻である。時刻 t では，A–B 間の距離 vt は $ct\cdot\sin 2\theta$，B 空間の時間は $act(=ct\cdot\cos 2\theta)$ となっている。

　なお，「直角三角形に関する数式」については，P.91-92 で説明している。

5.13　空間 B の斜交座標

点 A, C は，空間 C の点ではなく，空間 B の点である。

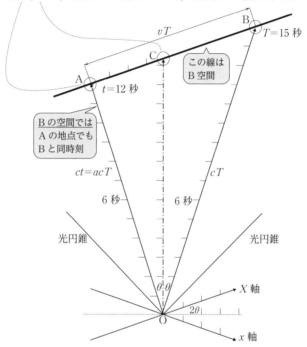

以上の図法を今後は使用する。

5.14　時空連続体としての楕円錐

次ページの図は，A 空間と B 空間とを重ねた時空図と空間図である。

A, B 両空間の光円錐は，一つの**楕円錐**(A, B 両空間共通の**時空連続体**)の一部分である。

A, B 各斜円錐の底面(各空間)は，異なる斜平面による切り口である。

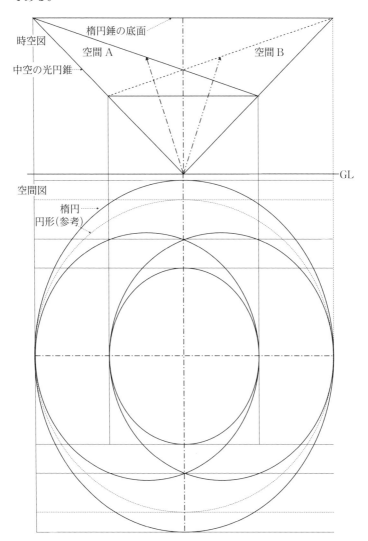

6.　A, B 空間における同一出来事の表示

「空間のある場所(位置)P で，ある時刻に発生した，事象，事件，出来事」というように，点P(位置)に時刻が指定されると，**事象「P」**となる。

【例】B 空間で，時刻 $T=0$ 秒に，　場所 $X=5$ m で事象 P が発生
　　　　　　　　　　　　　　　場所 $X=0$ m で閃光が発生

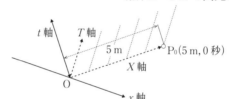

$T=0$ 秒の時の P 点の時空図(A 空間は実線，B 空間は点線)

【例】B 空間で，時刻 $T=1$ 秒に，　場所 $X=5$ m で事象 P_1 が発生

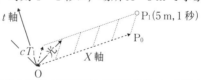

$T=1$ 秒後の P 点の時空図(A 空間は実線，B 空間は点線)

【例】B 空間で，時刻 $T=3$ 秒に，場所 $X=5\,\mathrm{m}$ で事象 P_3 が発生

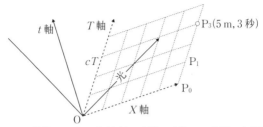

$T=3$ 秒後の P 点の時空図（A 空間は実線，B 空間は点線）

【例】B 空間で，時刻 $T=5$ 秒に，場所 $X=5\,\mathrm{m}$ で事象 P_5 が発生

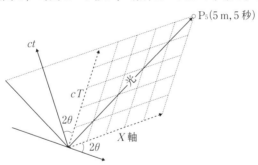

$T=5$ 秒後の P 点の時空図（A 空間は実線，B 空間は点線）。光が P 点に到着。

【例】A 空間で，時刻 $t=10$ 秒に，場所 $x=10$ m で事象 P が発生

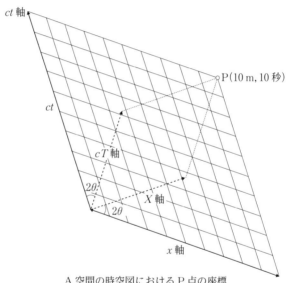

A 空間の時空図における P 点の座標

【例】A 空間で，時刻 t [秒]に，場所 x [m]で事象 P が発生

B 空間で，時刻 T [秒]に，場所 X [m]で事象 P が発生

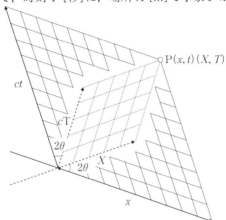

A, B 共通空間の P 点の時空図（A 空間は実線，B 空間は点線）

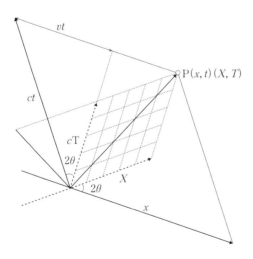

A, B 共通空間の P 点の時空図（A 空間は実線，B 空間は点線）

7.　ローレンツ変換の図解

　X, Y, Z, T の値を x, y, z, t で表す——または x, y, z, t の値を $X,$ Y, Z, T で表す数式（変換公式）

7.1　点 P の x と X の値

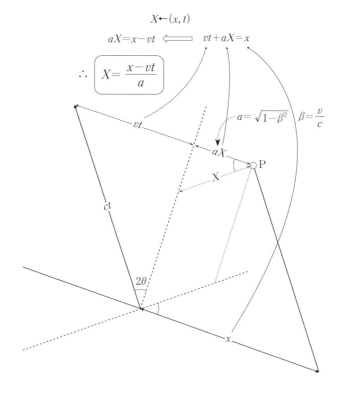

【解説】

　この章では，前章の「6.　A, B 空間における同一出来事の表示」の図を用いて，ct, cT, x, X の関係を説明する。

　まず，X を (ct, x) により表して見る。

　A 空間における aX は，B 空間の X を A 空間の値に換算したようなものである。

　下図は，A 空間から見た斜交座標を直交座標に書き換えたものである。x 軸と ct 軸の目盛は $\cos\theta$ 倍に縮小した。(以下の直交座標も同じ。)

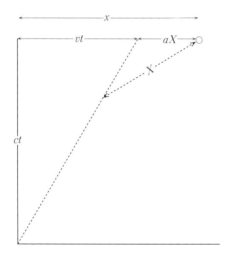

7.2　点 P の t と T の値

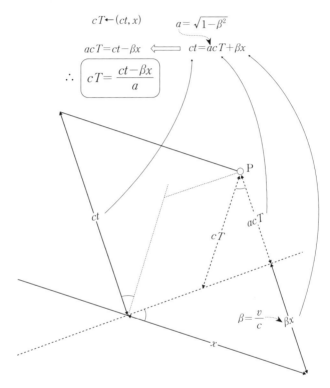

$cT \leftarrow (ct, x)$

$a = \sqrt{1 - \beta^2}$

$acT = ct - \beta x \quad \Longleftarrow \quad ct = acT + \beta x$

$$\therefore \quad cT = \frac{ct - \beta x}{a}$$

$\beta = \dfrac{v}{c}$

$\left[\begin{array}{l} y \text{は点 P から } xz \text{ 面までの距離} \\ Y \text{は点 P から } XZ \text{ 面までの距離} \end{array} \right]$ である。

$\left[\begin{array}{l} x \text{ 軸と } X \text{ 軸は同軸} \\ z \text{ 軸と } Z \text{ 軸は平行} \end{array} \right]$ であるから, xz 面と XZ 面は, 同じ平面である。

　よって, y と Y は同じ平面から同じ点までの距離となり, $Y = y$ である。（$Z = z$ でもある。）

　ここでは, 空間 (x, y) および (X, Y) 図は省略した。

　この図は cT を，(ct, x) により表したものである。A 空間において，時間 ct が，βx と acT との和であることから，cT が得られる。

　下図は，A 空間から見た斜交座標を直交座標に書き換えたものである。A 空間の位置 x における時間の関係が，わかりやすい。

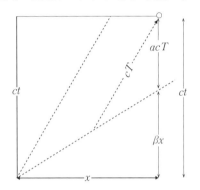

　アインシュタインが導いたこれらの数式は，オランダ人物理学者
　　　　ローレンツ(Hendrik Antoon Lorentz, 1853〜1928)
が，(アインシュタインよりも早く)1904 年に導いた式である。
　相対性理論において「アインシュタイン変換」とも呼ぶべきこれらの変換式は，開拓者ローレンツに敬意を表して，現在「ローレンツ変換」と呼ばれている。これは，さらに幾年か前に
　　　　フィッツジェラルド(G. FitzGerald)
も提唱していた考えであるので「ローレンツ・フィッツジェラルド変換」ともいう。数学者ポアンカレ(H. Poincaré)も同じ関係式を導いた。
　「ローレンツ変換」と名づけたのはポアンカレであり，アインシュタインの論文とほとんど同時に書かれた論文の中で，はじめてこの呼び名を用いた。

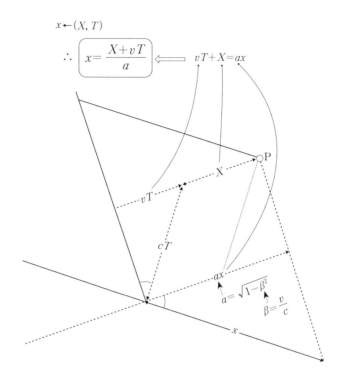

この図は，x を B 空間の (cT, X) により表した逆変換である。vT と X は，B 空間の同時（時刻 T）の値であるから，そのまま加えることができる。その和が ax と等しいことから，図の計算となる。

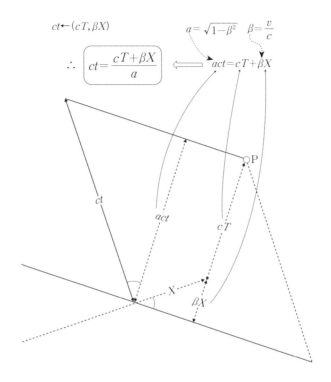

$ct \leftarrow (cT, \beta X)$

$a = \sqrt{1-\beta^2}$　$\beta = \dfrac{v}{c}$

$\therefore\ \boxed{ct = \dfrac{cT + \beta X}{a}}\ \Longleftarrow\ act = cT + \beta X$

　この図は，ct を (cT, X) により表した逆変換である。B 空間において，時間 cT と βX との和が act であることから，ct が得られる。

7.3　光速度不変の原理の証明

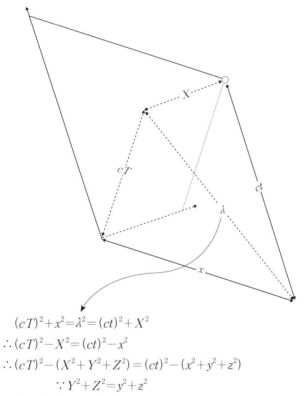

$$(cT)^2 + x^2 = \lambda^2 = (ct)^2 + X^2$$
$$\therefore (cT)^2 - X^2 = (ct)^2 - x^2$$
$$\therefore (cT)^2 - (X^2 + Y^2 + Z^2) = (ct)^2 - (x^2 + y^2 + z^2)$$
$$\because Y^2 + Z^2 = y^2 + z^2$$

$x^2 + y^2 + z^2 = (ct)^2$ が成り立てば，

$X^2 + Y^2 + Z^2 = (ct)^2$ が成り立つ。

これは，光が

　　A 空間で<u>速さ c</u> で広がる球面波であるとすれば，

　　B 空間でも<u>速さ c</u> で広がる球面波である

ということを示している。

【解説】

3次元空間において, 任意の点P(x, y, z)と原点O$(0, 0, 0)$との距離をrとすると,

$$r = \sqrt{x^2 + y^2 + z^2}$$

が成り立つ。

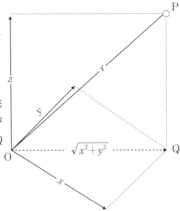

これは, xy平面への点Pの投影点Q$(x, y, 0)$とO$(0, 0, 0)$との距離が$\sqrt{x^2 + y^2}$であり, これと直交するPQ間距離がzであるから,

$$r^2 = (\sqrt{x^2 + y^2})^2 + z^2$$
$$= x^2 + y^2 + z^2$$

となるからである。

原点Oから発射された光は, t[秒]後にはOから各方向にctの距離まで伝播するから, その光の先端は, 半径ctの球面を形成する。

よって, この球面上の点では, どの点(x, y, z)でも次式が成り立つ。

$$x^2 + y^2 + z^2 = (ct)^2$$

逆に, この式が成り立てば, この点は, 半径ctの球面上の点である。

A, B両空間で時刻0に, 同じ原点o, Oから発射された光の先端は,

A空間では, t[秒]後にはoから半径ctの球面を形成する。

$$x^2 + y^2 + z^2 = (ct)^2$$

B空間では, T[秒]後にはOから半径cTの球面を形成する。

$$X^2 + Y^2 + Z^2 = (cT)^2$$

これは, A空間の光波も, B空間の光波も, <u>ともに速度cで伝播すること</u>を示しているので, <u>光速度不変の原理が成り立つこと</u>の確認となる。

8　時間・長さの相対性

8.1　時刻の相対性 $\left(= x_2 - x_1 \right)$

　B 空間で長さ L の棒の両端で「同時刻 T に発生した現象」は，A 空間から見ると「同時刻ではなく」，B 空間の X_1 と X_2 は，それぞれ時刻 t_1 と t_2 の現象と観測される。

　ここで，$ct_1 = \dfrac{cT + \beta X_1}{a}$, $ct_2 = \dfrac{cT + \beta X_2}{a}$

$$a = \sqrt{1 - \beta^2}$$

$$\beta = \frac{v}{c}$$

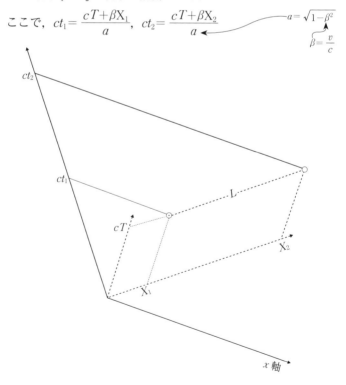

8.2 時間の相対性

　B 空間の「一定の場所 X において，T_1 から T_2 まで継続した現象」を A 空間から見て，「t_1 から t_2 まで継続した」と観測されれば，

$$a=\sqrt{1-\beta^2}$$
$$\beta=\frac{v}{c}$$

$$c(t_2-t_1)=\frac{cT_2+\beta X}{a}-\frac{cT_1+\beta X}{a}=c\frac{T_2-T_1}{a}>c(T_2-T_1)$$

　すなわち，B 空間の時間経過は，A 空間から見ると，

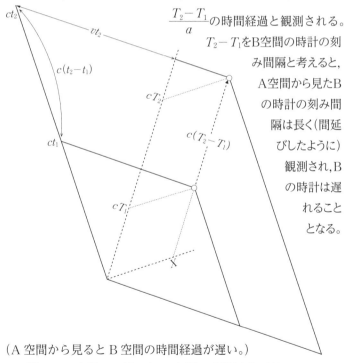

$\dfrac{T_2-T_1}{a}$ の時間経過と観測される。

T_2-T_1 をB空間の時計の刻み間隔と考えると，A空間から見たBの時計の刻み間隔は長く（間延びしたように）観測され，Bの時計は遅れることとなる。

（A 空間から見ると B 空間の時間経過が遅い。）

　同様に，B 空間から見ると A 空間の時間経過が遅い。

すなわち，互いに，相手の時間経過が遅く観測されるのである。

8.3 長さの相対性

B 空間で X 方向に長さ $L(X_2-X_1)$ の物体が置かれていたとする。これが A 空間では時刻 t に長さ $\ell(=x_2-x_1)$ として観測されたとすれば，

$$L=X_2-X_1=\frac{x_2-vt}{a}-\frac{x_1-vt}{a}=\frac{x_2-x_1}{a}=\frac{\ell}{a}$$

$$a=\sqrt{1-\beta^2}$$
$$\beta=\frac{v}{c}$$

$$\therefore\ \ell=aL<L$$

すなわち，動いている物体は，運動方向に縮んで観測される。

速度 v で a 倍に

これを「ローレンツ収縮」という。

8.4　長さの変換：進行方向に縮む理由

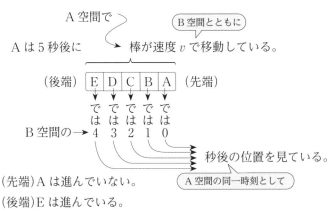

A 空間で

B 空間とともに

A は 5 秒後に → 棒が速度 v で移動している。

（後端）| E | D | C | B | A |（先端）

で　で　で　で　で
は　は　は　は　は

B 空間の→　4　3　2　1　0 → 秒後の位置を見ている。

（先端）A は進んでいない。　　A 空間の同一時刻として

（後端）E は進んでいる。

ゆえに，A–E 間の<u>距離が縮む</u>。

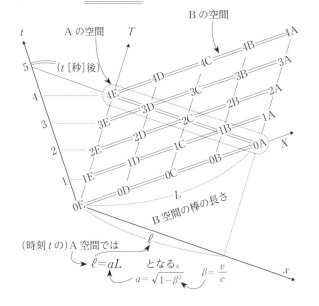

B の空間

t　A の空間　T

5 （t [秒]後）

4　　4E　4D　4C　4B　4A

3　　3E　3D　3C　3B　3A

2　　2E　2D　2C　2B　2A　　X

1　　1E　1D　1C　1B　1A

　　0E　0D　0C　0B　0A

L

B 空間の棒の長さ

（時刻 t の）A 空間では　ℓ

$\ell = aL$　となる。

$a = \sqrt{1-\beta^2}$　　$\beta = \dfrac{v}{c}$

x

9.　速度の加算

　B 空間を速度 w で走る球は，A 空間から見て速度 $w+v$ にならない。

9.1　B 空間を速度 w で走る球

　この図は，B 空間から見た図である。
　B 空間で速度 w で走る球の位置
　　T [秒]間に wT の距離を移動した。

　B 空間において，
X 方向に速度 w で走る(移動する)球を描いた。
時刻 0 に原点 O にあった球は，T [秒]後には wT の位置にある。

下図は，A 空間から見た図である。

u は，A 空間から見た球の(x 方向の)速度である。

$\boxed{u = v + w \text{ と速断してはならない}}$

$\boxed{\text{A 空間の原点}}$

球は，A 空間における時刻 t に，o から ut の位置にある。

　A 空間では t [秒]後に，

　　　球は ut の距離を移動した。

　　　　u は，A 空間から見た球の速度。

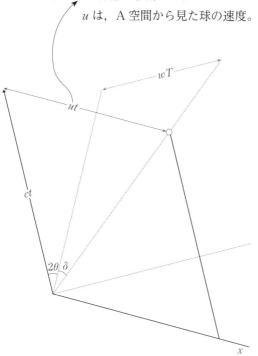

B 空間の T [秒]後の $\tan\delta$ を計算する。

B 空間において，

δ は球の軌跡と cT 軸との開き角度である。

$$\tan\delta = \frac{awT}{cT+\beta wT} = \frac{aw}{c+\beta w}$$

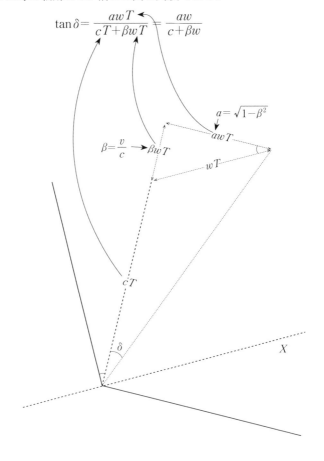

A 空間では t [秒]後に，

　B は vt の距離を移動し，

　　　　球は ut の距離を移動した。

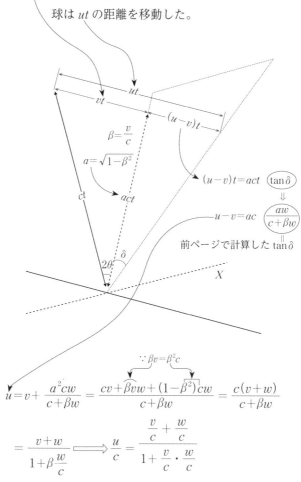

$\beta = \dfrac{v}{c}$

$a = \sqrt{1-\beta^2}$

act

ct

$(u-v)t = act$　$\boxed{\tan\delta}$
$\Downarrow$
$\boxed{\dfrac{aw}{c+\beta w}}$

$u-v = ac$

前ページで計算した $\underset{\parallel}{\tan\delta}$

2θ　δ

X

$$u = v + \frac{a^2 cw}{c+\beta w} = \frac{cv + \overbrace{\beta vw}^{\because\,\beta v = \beta^2 c} + (1-\beta^2)cw}{c+\beta w} = \frac{c(v+w)}{c+\beta w}$$

$$= \frac{v+w}{1+\beta\dfrac{w}{c}} \implies \frac{u}{c} = \frac{\dfrac{v}{c} + \dfrac{w}{c}}{1 + \dfrac{v}{c}\cdot\dfrac{w}{c}}$$

9.2 w を c にした場合

w を c とすると，球の軌跡は光の軌跡と一致する。
これが速度の限界である。

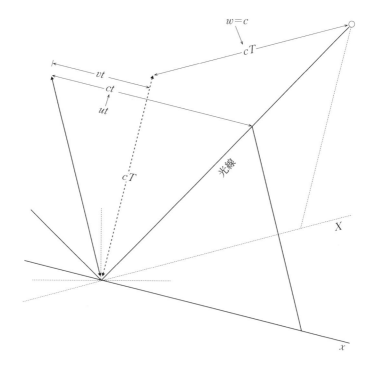

9.3　v を c に近づけた場合

　cT 軸と X 軸，ct 軸と $-x$ 軸は，光の軌跡に近づく。

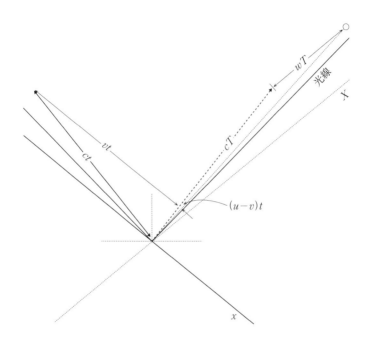

9.4 ローレンツ変換式による計算

速度の加算式は，ローレンツ変換の公式からも導くことができる。

$$x = \frac{X+vT}{a}, \qquad ct = \frac{cT+\beta X}{a} \quad \text{(再掲)}$$

$$u = \frac{x}{t}, \qquad w = \frac{X}{T}$$

であるから，

$$\frac{x}{ct} = \frac{X+vT}{cT+\beta X} = \frac{\dfrac{X}{T}+v}{c+\beta \dfrac{X}{T}} = \frac{w+v}{c+\beta w}$$

$$= \frac{1+\dfrac{v}{c}\cdot\dfrac{w}{c}-\dfrac{v}{c}-\dfrac{w}{c}}{1+\dfrac{v}{c}\cdot\dfrac{w}{c}}$$

$$\therefore \frac{u}{c} = \frac{\dfrac{v}{c}+\dfrac{w}{c}}{1+\dfrac{v}{c}\cdot\dfrac{w}{c}} \qquad \therefore 1-\frac{u}{c} = \frac{\left(1-\dfrac{v}{c}\right)\left(1-\dfrac{w}{c}\right)}{1+\dfrac{v}{c}\cdot\dfrac{w}{c}}$$

$$\therefore c-u = \frac{(c-v)(c-w)}{c+\beta w}$$

上式から，次のことがわかる。

$v<c$ かつ $w<c$ の場合は，$u<c$

$v=c$ または $w=c$ の場合は，$u=c$

$u=c$ かつ $w=c$ の場合は，$u=c$

B から見た球の速度   A から見た球の速度

10. 平行電流間に働く力
(ローレンツ収縮の応用)

10.1 平行電流による力の式(従来の考え方)

平行線状に静止する2本の長い電線(間隔 r [m])がある。
電線1には I_1[A], 電線2には I_2[A]の電流が流れている。

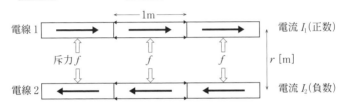

両電線の間には

$$f = -\frac{2I_1 \cdot I_2}{r} \cdot \frac{1}{10^7} [\text{N/m}]$$

の引力または斥力が生ずる。(正数は斥力, 負数は引力)

f [N/m]とは, 電線の長さ1mあたり f [N]の均等に分布した力(電線に直角方向の力)の意味である。

　1 N は約 0.1 kgf ─── f は force：力

この場合, この両電線に静電気の帯電はない。

よって, この力は電気力ではなく, 磁気による力と考えられていた。

しかし, これは, 力 f の測定者が電線とともに静止しているからであって, 負電荷とともに移動する空間からこの電線を見ると, 状況は一変する。

【解説】

2本の平行電線の電流の間の力は，

電流による磁気作用，および

磁界が電流に及ぼす力(フレミングの右手の法則)

が組み合わされた現象である。

東京，名古屋，大阪の近郊を走る電気鉄道は，ほとんど直流電源で電車を動かしているので，トロリー線には大電流が流れる。

その対策として考案されたツイン・シンプルカテナリー式電車線では，トロリー線が2本，100 mm 間隔で平行に架設されており，パンタグラフはこの2本から同時に集電して走行する。

変電所から電車までの間の電車線には(10~15両編成の電車で)約3,000 Aの電流が流れることがあるので，各トロリー線には1,500 A ずつの電流が同方向に流れることになる。

前ページの式で引力を計算すると，

$$f = \frac{2 \times 1500^2}{0.1} \times 10^{-7} = 4.5 \text{ N/m} = 0.46 \text{ kgf/m}$$

すなわち，トロリー線(長さ1 m あたりの質量は約1 kg)にかかる重力の半分に近い 0.46 kgf/m の水平方向引力が作用する。このため，2本のトロリー線は十数秒の間，密着してしまうことがある(10 m ごとにセパレーターで100 mm 間隔を維持しようとしているにもかかわらず)。

避雷針(銅製の円管)に落雷があると，円管が押しつぶされた形になることが多いそうであるが，これも同種の力による。

この力は，最初は原因不明の力で，静電気力以外の力(電磁力)とされていたが，相対性理論により「静電気力」であることがわかった。

本章はその説明である。

次ページでは，その「静電気力」について説明する。

10.2 静電気と電荷

気体状の「電気」よりも「ある電気量をもった点」の意味で「electric charge(電荷)」という用語が，「電気」の代わりに使われる。電荷は電気量の意味でも使われる。

電気量の単位は「C(クーロン)」

電気量 Q[C]の点電荷が x 軸方向に一様に延びて，長さ L[m]の**直線状の電荷(線電荷)**になると，この線電荷は，どこの1 m をとっても Q/L[C/m]の電気量になる。

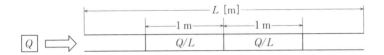

このような状態を次のように表現する。ただし，$q=Q/L$ とする。

「1 m あたりの電荷密度 q [C/m]」 または「線密度 q [C/m]」

このような**長い線電荷**の2本(電気量 q_1[C/m]と q_2[C/m])が，間隔 r[m]で平行線状にある場合(下図，ただし $r \ll L$)，

線電荷相互に作用する静電気力 f

は，図の下の公式で算出され，線に垂直に，<u>引き寄せる力</u>(負の場合)または<u>反発する力</u>(正の場合)となる。

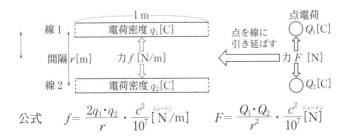

公式　　$f = \dfrac{2q_1 \cdot q_2}{r} \cdot \dfrac{c^2}{10^7}$ [N/m]　　　$F = \dfrac{Q_1 \cdot Q_2}{r^2} \cdot \dfrac{c^2}{10^7}$ [N]

【解説】

　琥珀を擦ると，塵や埃など軽い物体を吸い寄せる。

この現象は，古代ギリシャ時代には発見されていた。

　　　イギリス人 ギルバート（William Gilbert, 1544～1603)

は，1600 年に刊行した「磁石について」の中で，このような現象は

　　　硫黄，樹脂，ガラス，水晶，ダイヤモンドなど

にも共通にあることを明らかにした。

　これは，摩擦によって「何者か」が物体内に宿ったためと考えて，彼はこの不思議な物に「電気(electricity)」という名前をつけた。electricity という言葉は，ギリシャ語の「$\eta\lambda\varepsilon\kappa\tau\rho o\upsilon$(elektron)，すなわち琥珀」という言葉から来ている。

　1733 年に，フランスの

　　デュ・フェー（C.de Fay, 1699～1739)

は電気には2種類があって，同種は相反発し，異種は相吸引することを証明し，

　　ガラス棒を絹で擦って起る電気を「ガラス電気」，

　　琥珀，樹脂，硫黄などをフランネルまたは毛皮で擦って起る電気を「樹脂電気」といった。

　後に，雷の実験で有名な

　　フランクリン(Benjamin Franklin, 1706～1790)

が，前者を**正電気**，後者を**負電気**と改称した。この両者の性質の対照は，数学における**正負の符号**の対照に似ている。例えば，異種等量の電気を一緒にすれば電気が消滅する。これを中和という。

　「どちらを正にするか」はまったく任意であるが，上記の命名により，後年発見された電子は，負電気になってしまった。電線を流れる電流は電子の流れであるので，電流の方向は電子の流れとは逆になり，思考上まことに不便であるが，今となっては仕方がないことである。

　物体が電気を<u>もった</u>(帯びた)状態を「**帯電**または**荷電**している」といい，その電気を物体になぞらえて「**電荷**」という。<u>電気量のはっきりした電気</u>という意味があるが，<u>電気量</u>の意味で使われることもある。

　二つの**点電荷**(大きさの無い点の状態の電荷)の電気量の間に作用する力をはじめて測定して明らかにしたのは，フランスの

　　シャルル・オーギュスタン・クーロン

　　(Charles Augustin Coulomb，1736〜1806)

で，1785 年のことである。これは前ページの数式の形になっており，クーロンの法則という。「クーロン」は電気量の単位にもなっている。

10.3   電流は電荷の流れ（実は電子の流れ）

電荷を水に例えると，川の中の水の流れと同じく，

電流は，電線の中の電荷の流れである。

電線など**電気の良導体**の金属の中では，流れる（移動する）ことができる電荷は**電子**だけである。電子の電気は負電気と定められているので，負電荷は実は電子の集合体である。よって，

電線内では， 正電荷 は静止， 負電荷 のみが走行

している状態である。

線密度 $-q[C/m]$ の負電荷が，速度 $-v[m/秒]$ で流れているときの，

電流の強さ I は，$-q$ と $-v$ との積

$I=(-q)\cdot(-v)=q\cdot v$ [A]

単位は　アンペア[A]　ただし，[A]＝[C/秒]

I [アンペア]は，毎秒 1[クーロン]の電荷の流れで表される。

これは，線密度 $q[C/m]$ の正電荷が，速度 $v[m/秒]$ で流れているときとまったく同じ現象となる。

	←——1 m——→	←——1 m——→	←——1 m——→
静止	正（＋）電荷	q [C]	q [C]	
走行	負（−）電荷	$-q$ [C]	$-q$ [C]	

負（−）電荷は速度 $-v[m/秒]$ で走行する。

電線内では正負電荷が中和して，電線は帯電していない。

（電荷が中和する現象は，速度 $-v[m/秒]$ に無関係）

10.4 電線内の負電荷のローレンツ収縮

電流となって電線の中を速度 $\pm v$[m/秒]で走行している負電荷は，x軸方向にローレンツ収縮の状態である。

10.4.1 負電荷と並んで走行している空間 A

この空間 A において x[m]の長さの負電荷は，電線の空間 B では速度 $\pm v$[m/秒]で走行しているので，$a \cdot x$[m]の長さに収縮している。

ここで，$a = \sqrt{1-(v/c)^2}$

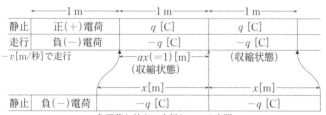

負電荷と並んで走行している空間

この長さを 1 m とすると，$a \cdot x = 1$，∴ $x = 1/a$ となる。

この負電荷が，正電荷 q[C]を中和するのであるから，この負電荷は空間 B では $-q$[C]でなければならない。

空間 A では，負電荷の長さが x[m]に延びているが，$-q$[C]は変わらないので，x[m]あたり $-q$[C]の電荷密度となる。ゆえに負電荷の電荷密度は，$-q/x$ すなわち

$-a \cdot q$[C/m]

となる。（疎となる。）

この計算は，電線内におけるローレンツ収縮現象という電線特有の現象かも知れない。

10.5　平行電線内の電荷の配置

電線 1 には I_1[A] $\begin{cases} -q_1\text{[C/m]}\cdot -v_1\text{[m/s]（負電荷）} \\ q_1\text{[C/m]}\cdot 0\text{[m/s]（正電荷）} \end{cases}$

また，

電線 2 には I_2[A] $\begin{cases} q_2\text{[C/m]}\cdot 0\text{[m/s]（正電荷）} \\ -q_2\text{[C/m]}\cdot v_2\text{[m/s]（負電荷）} \end{cases}$

があるものとする。（正電荷は常に電線に静止している。）

　電荷の引力・斥力の計算は静電気の計算であり，両電線の電荷が静止していることが条件であるが，ここでは例えば，
　　電線 1 の正電荷に作用する力については，
　　　　正電荷が静止している空間(B)における計算値
　　電線 1 の負電荷に作用する力については，
　　　　負電荷が静止している空間(A)における計算値
の和を採用するのが，静電気力の計算に最も近い方法であろう。

10.5.1　電線 1 の正電荷に作用する力

　空間(B)では，電線 2 には電荷が無い（中和している）ので，電線 1 の正電荷には電気力は作用しない。

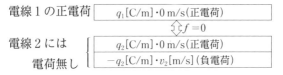

電線 1 の正電荷 $\boxed{q_1\text{[C/m]}\cdot 0 \text{ m/s（正電荷）}}$
　　　　　　　　　　　　　⇕ $f=0$
電線 2 には $\begin{cases} \boxed{q_2\text{[C/m]}\cdot 0 \text{ m/s（正電荷）}} \\ \boxed{-q_2\text{[C/m]}\cdot v_2\text{[m/s]（負電荷）}} \end{cases}$
　電荷無し

10.5.2 電線1の負電荷に作用する力（空間Aにおいて）

<u>電線2の正電荷</u>

空間Bでは $\boxed{q_2[\text{C/m}]\cdot 静止していたが}$

$\Downarrow$

空間Aでは $\boxed{q_2/a_1[\text{C/m}]\cdot v_1[\text{m/s}]}$

（静止していた $q_2[\text{C/m}]$ が，速度 $v_1[\text{m/s}]$ で走行した。）

<u>電線2の負電荷</u>

空間Bでは $\boxed{-q_2[\text{C/m}]\cdot v_2[\text{m/s}]}$

$\Downarrow$

空間 A_2 では $\boxed{-a_2q_2[\text{C/m}]\cdot 静止}$

（自分と並んで移動・走行している空間）

ここで，$a_2=\sqrt{1-(v_2/c)^2}$

$\Downarrow$

空間Aでは $\boxed{-a_2q_2/a_{12}\,[\text{C/m}]\cdot v_{12}[\text{m/s}]}$

（静止している $-a_2q_2[\text{C/m}]$ が，速度 $v_{12}[\text{m/s}]$ で走行した。）

ここで，$a_{12}=\sqrt{1-(v_{12}/c)^2}$ $\qquad v_{12}=\dfrac{v_1+v_2}{1+v_1v_2/c^2}$

　速度 $v_1[\text{m/s}]$ で走行する空間Bの中でさらに速度 $v_2[\text{m/s}]$ で走行する負電荷は，空間Aからみると速度加算の式が適用される。この速度を $v_{12}[\text{m/s}]$ とした。

電線1の負電荷 $\boxed{-a_1q_2[\text{C/m}]\,(負電荷)}$

$\Updownarrow f$

電線2の q は
負に帯電する
$\left\{\boxed{\begin{array}{l} q_2/a_1[\text{C/m}]\,(正電荷) \\ -a_2q_2/a_{12}\,[\text{C/m}]\,(負電荷) \end{array}}\right.$

$q=\dfrac{q_2}{a_1}-\dfrac{a_2q_2}{a_{12}}=\dfrac{q_2}{a_1}\left(1-\dfrac{a_1a_2}{a_{12}}\right)=-\dfrac{q_2}{a_1}\cdot\dfrac{v_1\cdot v_2}{c^2}[\text{C/m}]$

となり，電線②は負に帯電する。次ページ参照

この両電線間に働く力 f は，次のような斥力となる。

$$f = \frac{2}{r} \cdot (-a_1 q_1) \cdot \left(-\frac{q_2}{a_1} \cdot \frac{v_1 \cdot v_2}{c^2} \right) \cdot \frac{c^2}{10^7}$$

$$= \frac{2q_1 v_1 \cdot q_2 v_2}{10^7 r} = \frac{2I_1 \cdot I_2}{r} \times 10^{-7} \cdots\cdots 証明終り$$

$1 - \dfrac{a_1 a_2}{a_{12}} = \dfrac{v_1 v_2}{c^2}$　の計算

$\quad a_1 = \sqrt{1 - \beta_1{}^2}\qquad a_2 = \sqrt{1 - \beta_2{}^2}\qquad a_{12} = \sqrt{1 - \beta_{12}{}^2}$

$\quad$ここで，$\quad \beta_1 = \dfrac{v_1}{c}\qquad \beta_2 = \dfrac{v_2}{c}\qquad \beta_{12} = \dfrac{v_{12}}{c}$

$\beta_{12} = \dfrac{\beta_1 + \beta_2}{1 + \beta_1 \beta_2}$の場合，$v_{12} = \dfrac{v_1 + v_2}{1 + \beta_1 \beta_2}$

$\quad 1 + \beta_{12} = \dfrac{1 + \beta_1 \beta_2 + \beta_1 + \beta_2}{1 + \beta_1 \beta_2} = \dfrac{(1 + \beta_1)(1 + \beta_2)}{1 + \beta_1 \beta_2}$

$\quad 1 - \beta_{12} = \dfrac{1 + \beta_1 \beta_2 - \beta_1 - \beta_2}{1 + \beta_1 \beta_2} = \dfrac{(1 - \beta_1)(1 - \beta_2)}{1 + \beta_1 \beta_2}$

$\quad \therefore 1 - \beta_{12}{}^2 = (1 + \beta_{12})(1 - \beta_{12}) = \dfrac{(1 - \beta_1{}^2)(1 - \beta_2{}^2)}{(1 + \beta_1 \beta_2)^2}$

$\quad (1 + \beta_1 \beta_2)^2 = \dfrac{(1 - \beta_1{}^2)(1 - \beta_2{}^2)}{1 - \beta_{12}{}^2}$

$\quad 1 + \beta_1 \beta_2 = \dfrac{\sqrt{1 - \beta_1{}^2} \cdot \sqrt{1 - \beta_2{}^2}}{\sqrt{1 - \beta_{12}{}^2}} = \dfrac{a_1 \cdot a_2}{a_{12}}$

$\quad 1 - \dfrac{a_1 \cdot a_2}{a_{12}} = -\beta_1 \beta_2 = -\dfrac{v_1 \cdot v_2}{c^2}$

$\beta_{12} = \dfrac{\beta_1 - \beta_2}{1 - \beta_1 \beta_2}$の場合は，$1 - \dfrac{a_1 \cdot a_2}{a_{12}} = \beta_1 \beta_2 = \dfrac{v_1 \cdot v_2}{c^2}$

【参考】 空間 B から見た電荷の時空図(カッコ内は，固有電荷密度)

　時刻 0 に O 点付近を流れる電流を長さ 1 m だけ区切って，その T [秒]後の行方を追跡した図 ⋯⋯ 全体図

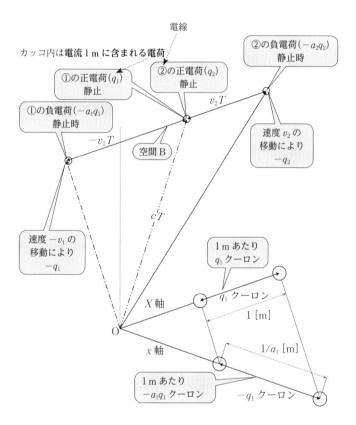

11. 光のドップラー効果

　相対論に従う光波のドップラー効果は，音波や水面波の場合と異なる。これを本書「5. 新しい図法」の図解法で示す。

　A, B 空間のうち，まず空間 B の空間図，時空図を示す。原点 B から発射された光波は速度 c[m/秒]で同心球状に伝播する。光波の波長を λ [m]とする。

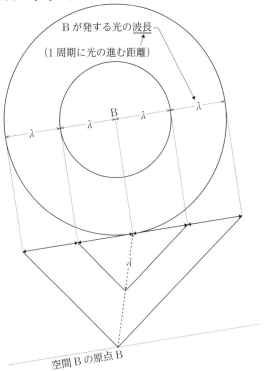

B が発する光の波長
（1 周期に光の進む距離）
λ　λ　B　λ　λ
λ
空間 B の原点 B

【解説】

　1842 年，オーストリアの物理学者

　　ドップラー（Johann Christian Doppler, 1803〜1858）

は，光源と観測者が近づきつつあるとき，光は静止しているときよりも振動数が高く（波長が短く）観測されることを発見した。

　遠ざかりつつあるときは，反対に振動数は低く，波長は長くなる。

　この作用は，光ばかりでなく，音波に対しても生ずる。この作用を「ドップラー効果」という。

　音波では，サイレンの音が，近づくときは高くなり，遠ざかるときは低くなることでおなじみである。

　一般に波は，水面の波のように，「ある量 w」が増加したり減少したり，変動を繰り返しながら，周囲に伝播していく現象である。「ある量 w」は，

水面の高さ⇒水面波，空気の圧力（気圧）⇒音波，

電磁場の強さ⇒電磁波，光波……などである。

　例えば，「ある量 w」が

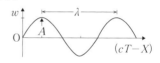

$$w = A \sin \frac{2\pi(cT - X + \lambda/4)}{\lambda}$$

であれば，w は，$(cT - X)$ が λ の倍数（0，負数を含む）になるたびに，極大値となる。$(cT - X)$ が 0 ならば，$X = cT$ であるから，w の極大値 A の点 X は速度 c で増大する（すなわち，進行する）こととなる。

　A, B 空間では，$t = T = 0$ で原点 A と B が重なる。

　このときから B 空間の原点 B において，一定周期 T（波長 $\lambda = cT$）の光波を発射し続けると，B 空間では波の極大となる波面が，λ の間隔を保って，同心球（XY 平面では同心円）となって四方八方に伝播する。

　図では，2 周期後の B 空間の波動伝播状況を示している。

　A 空間からこれを見ると，同心球（XY 平面では同心円）とはならないことを，次ページ以下に示す。

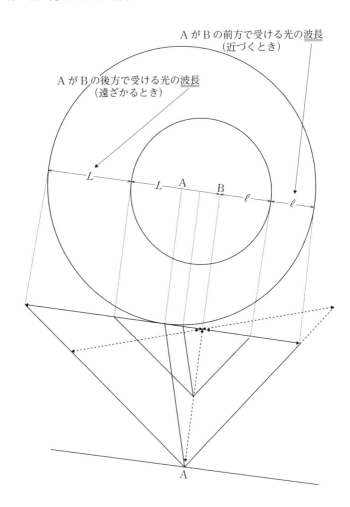

A が B の前方で受ける光の波長
（近づくとき）

A が B の後方で受ける光の波長
（遠ざかるとき）

L　L　A　B　ℓ　ℓ

A

【解説】

　この図は，A 空間から見た 2 周期($2t$ [秒])後の時空($ct\cdot x$)図および空間(xy)図である。

　この間に，

　　　(波の極大となる)光波面が伝播する距離は，$2ct$

　　　点 B が進む距離は，$2vt$

であるから，

　　　点 B から前方の光波面までの距離は，$2(c-v)t$

　　　点 B から後方の光波面までの距離は，$2(c+v)t$

となる。

　1 周期(t [秒])ごとの波の極大となる波面の間隔は，波長であるから，

　　　$(c-v)t=\ell$ ……(近づくときの波長)

　　　$(c+v)t=L$ ……(遠ざかるときの波長)

となる。

　これらの波長と B 空間の波長との関係は，次ページで計算する。

$$L = \frac{\lambda}{a}(1+\beta) \Longrightarrow \frac{L}{\lambda} = \frac{1+\beta}{a} = \sqrt{\frac{(1+\beta)^2}{1-\beta^2}} = \sqrt{\frac{1+\beta}{1-\beta}}$$

$$\ell = \frac{\lambda}{a}(1-\beta) \Longrightarrow \frac{\ell}{\lambda} = \frac{1-\beta}{a} = \sqrt{\frac{(1-\beta)^2}{1-\beta^2}} = \sqrt{\frac{1-\beta}{1+\beta}}$$

【解説】

　この図は，A 空間から見た 1 周期(t［秒］）後の時空($ct\cdot x$)図および空間(xy)図である。

　A 空間で t［秒］経過の時点では，B 空間の経過時間 T は at［秒］であるから，$t = T/a$ である。この間に

　　光が伝播する距離は，

$$ct = cT/a = \lambda/a \qquad \therefore (t = \lambda/ca)$$

　　点 B が進む距離は，vt

であるから，

　　点 B から前方の光波面までの距離(= 近づくときの波長)ℓ は，

$$\ell = (c-v)t = (c-v)\lambda/ca = (1-\beta)\lambda/a$$

　　点 B から後方の光波面までの距離(= 遠ざかるときの波長)L は，

$$L = (c+v)t = (c+v)\lambda/ca = (1+\beta)\lambda/a$$

である。

　振動数(1 秒間の振動回数)は，光速度 c(1 秒間の伝播距離)を波長で割った数である。

　下図は，両空間の波長の関係を示す。

$$\frac{L}{\lambda} = \sqrt{\frac{1+\beta}{1-\beta}} = \frac{\lambda}{\ell}, \qquad \beta = \frac{v}{c}$$

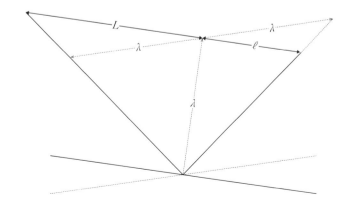

【参考】 音のドップラー効果

$$\frac{\ell}{\lambda}=1-\beta, \qquad \frac{\ell}{\lambda}=1+\beta$$

光のドップラー効果で，$a=1$ に相当する。

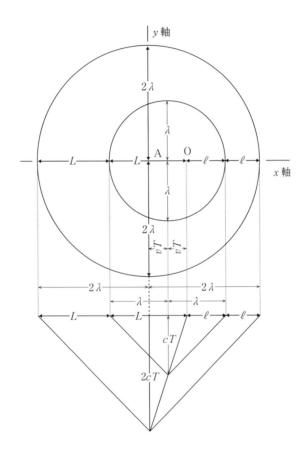

[音波の場合]

　空気(音波の伝達媒質)が静止している空間を，A 空間とする。

　この中で，ある物体が静止して(1 秒間の)振動数 ν の音を発する場合，音波の伝播速度を c とすると，波長 λ は「c/ν」となる。

　この物体(音源)O が，x 方向に向かって速度 v で走行すると，x 軸上にいる人が聞く音は，

　　音源 O が近づく場合は，高い音(振動数：n，波長：ℓ)となり，

　　音源 O が遠ざかる場合は，低い音(振動数：N，波長：L)となる。

　この理由を，波長の変化により考えよう。

　　c ：音波の伝播速度

　　T ：音波の周期

　　v ：音源の走行速度(x 方向)

　　λ ：音波の波長(音源が静止している場合)

　　ℓ ：音波の波長(音源が近づく場合)

　　L ：音波の波長(音源が遠ざかる場合)

　図より，

$$\lambda = cT$$
$$\ell = cT - vT = (c-v)T = (1-\beta)cT = (1-\beta)\lambda$$
$$L = cT + vT = (c+v)T = (1+\beta)cT = (1+\beta)\lambda$$

となる。よって，

$$\frac{\ell}{\lambda} = \frac{\nu}{n} = 1-\beta, \qquad \frac{L}{\lambda} = \frac{\nu}{N} = 1+\beta$$

が成り立つ。

　これは，光のドップラー効果において

$$a = 1$$

とした場合に相当する。

12.　走行物体の質量増加

　静止している物体は，走行すると質量が増加する。

12.1　質点の運動量

　これまで物体の走行する空間では，長さや時間が変化すること
を検討したが，物体の質量(mass)についても，変化することを
検討する必要がある。

　ここでは「5.　新しい図法」における二つの質点をそれぞれ光
源 A, B の位置に置いて質点 A, B とし，その質量について検討す
る。

　力学では物体の動きを運動(motion)という。ここでは，物体
を質点(particle)で代表させ，運動(motion)は x 軸方向への一定
速度の移動，走行のみとする。

　　物体(質点)の質量を m，走行速度を v とするとき，
　　　　　　　その積 $m \cdot v$ を運動量(momentum)という。

　一般に質点 A, B の質量を，それぞれ m_A, m_B とし，速度をそれぞれ v_A, v_B とすれば

$$m_A v_A + m_B v_B = (m_A + m_B)\,V$$

が成立する。V は重心の速度である。

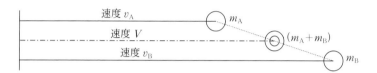

　空間 C では質点 A, B の質量を等しく m_0 とする。すなわち，

$$m_A = m_B = m_0$$

質点 A の速度は $-v_0$，質点 B の速度は v_0，重心の速度は V とすると運動量の合計は

$$m_0(-v_0) + m_0 v_0 = (m_0 + m_0)\,V \qquad \therefore\ V = 0$$

であるから，重心の速度は 0 すなわち，質点 A, B の重心は静止している。

　これを空間 C の A 点で観測すると，常識では，重心の速度 V は 0 から v_0 に変る。質点 A の速度は $-v_0$ から 0 に，質点 B の速度は v_0 から $2v_0$ にそれぞれ変わるから前述の式は次のように変る。

$$m_0 \times 0 + m_0 \times 2v_0 = (m_0 + m_0) \times v_0$$

この式に矛盾はない。

【解説】

　　質量 0 の細い棒が x 軸上に静止する状態を想像する。この棒の原点からの距離 x_1, x_2, x_3 の 3 点にそれぞれ質量 m_1, m_2, m_3 の質点が静止している。

　　原点からの距離 $(-X)$ の一点には，質量 $(m_1+m_2+m_3)$ の質点が静止している。

　　この棒の原点を地上の原点に吊るし，この棒が水平になるように距離 $(-X)$ を調整すると，次式が成立する。

$$m_1x_1+m_2x_2+m_3x_3-(m_1+m_2+m_3)X=0$$

　　両辺に重力の加速度 g を乗ずると，正数値は右回転力，負数値は左回転力となる。すなわち，$m_1x_1+m_2x_2+m_3x_3$ と $(m_1+m_2+m_3)X$ とは釣り合っている。

$$\therefore\ m_1x_1+m_2x_2+m_3x_3=(m_1+m_2+m_3)X$$

この X の位置を重心という。

　　両辺を時間 t で割り算をすると，X は V になり，x_1, x_2, x_3 はそれぞれ v_1, v_2, v_3 となり，上式は次式となる。

$$m_1v_1+m_2v_2+m_3v_3=(m_1+m_2+m_3)V$$

　　これらの 3 質点が動き，衝突，反発を繰り返すと，個々の運動量は変わることになるが，質点に外力が作用しない限り，運動量の合計値 $m_1v_1+m_2v_2+m_3v_3$ は変わらない。

　　これが運動量の性質である。

12.2 A 空間における各質点

光速度不変の法則に基づく図法では，質点 A と B，点 C の位置は，A, B, C の各空間においては共通の時空連続体となる。これらが，それぞれの空間の質点 A と B，点 C の位置に現れて，その位置を占めている。

空間 A の時空図では，質点 A は静止しているから速度は 0 で変らないが，質点 B の速度は $2v_0$ から v に，重心の速度 V は v_0 から u にそれぞれ変わるから前述の式は次のように変る。

$$m \times 0 + M \times v = (m+M) \times u$$

空間 A においては，質点 A の質量を m，質点 B の質量を M とした，全質点の運動量の合計は，$(m+M) \cdot u$ である。

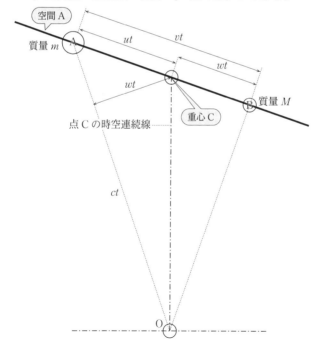

12.3　空間 A から見ると質点 B の質量は M に増大する

質点 A, B の運動量の合計

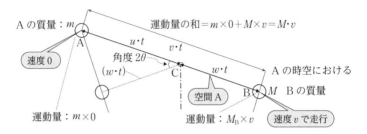

A の質量：m

運動量の和＝$m \times 0 + M \times v = M \cdot v$

$u \cdot t$　　$v \cdot t$

角度 2θ

$(w \cdot t)$

A

速度 0

C

$w \cdot t$

空間 A

A の時空における

B

M　B の質量

運動量：$m \times 0$

運動量：$M_{\mathrm{B}} \times v$

速度 v で走行

空間 A の全質点の運動量の合計

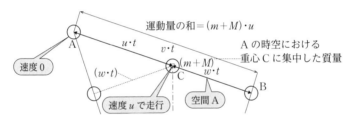

運動量の和＝$(m + M) \cdot u$

$u \cdot t$　　$v \cdot t$

A

速度 0

$(w \cdot t)$

$(m + M)$

C

$w \cdot t$

A の時空における

重心 C に集中した質量

速度 u で走行

空間 A

B

上の両図の運動量の合計は等しい筈であるから

$$M \cdot v = (m + M) \cdot u \qquad \therefore \ M \cdot w = m \cdot u$$

$$\therefore \ M \cdot (v - u) = M \cdot w = m \cdot u$$

また，上の両図より次式が成り立つ。

C の位置から見た
両質点の運動量

$$\frac{w}{u} = a = \sqrt{1 - \beta^2} \qquad \therefore \ M \cdot a = m$$

$$\therefore \ M = \frac{m}{a} = \frac{m}{\sqrt{1 - \beta^2}}$$

12.4　B の空間から見ると質点 A の質量は M に増大する

質点 A, B の運動量の合計

運動量の和 $=m\times 0+M\times(-v)=-M\cdot v$

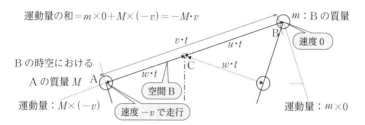

m：B の質量

速度 0

B の時空における
A の質量 M　A

運動量：$M\times(-v)$

速度 $-v$ で走行

空間 B

運動量：$m\times 0$

空間 B の全質点の運動量の合計

運動量の和 $=(m+M)\cdot(-u)$

B の時空における
重心 C に集中した質量：$(m+M)$

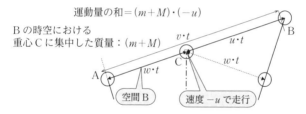

空間 B

速度 $-u$ で走行

上の両図の運動量は等しい筈であるから

$$(m+M)\cdot(-u)=-M\cdot v \qquad \therefore M\cdot w=m\cdot u$$

$$\because M\cdot(v-u)=M\cdot w=m\cdot u$$

$$\therefore M=\frac{m}{\sqrt{1-\beta^2}}$$

以上をまとめると，どちらの質点も，

質量は，速度 0 では m，速度（絶対値）v では M

となる。

13.   エネルギーと質量

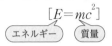

13.1   エネルギー ＝「(物理学的な)仕事」をなしうる能力

物体が力 F を受けて，その方向に x だけ変位する(仕事をされる)と，物体のエネルギー E は，$F \cdot x$ だけ増加する。(仕事・エネルギーの定義)

力 F が一定でなく変化する場合は，x を短区間

$$x_1, x_2, x_3, \cdots, x_n$$

に区切って，それぞれの区間に一定の力

$$F_1, F_2, F_3, \cdots, F_n$$

を加える形にして，

$$\boxed{E_1 = F_1 \cdot x_1}, \ \boxed{E_2 = F_2 \cdot x_2}, \ \boxed{E_3 = F_3 \cdot x_3}, \cdots, \ \boxed{E_n = F_n \cdot x_n}$$

$$E = E_1 + E_2 + E_3 + \cdots + E_n$$

として，エネルギー E を計算すればよい。

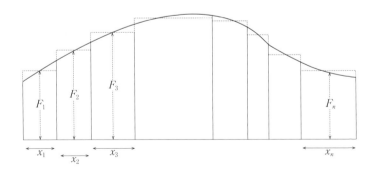

【解説】

　物理学「力学」では，力 F を物体に作用させて(その物体を力の方向に)x だけ変位させたとき，

　　　力は，物体に対して「仕事」をした

という。その仕事量は $F{\cdot}x$ である。

　また，物体 A が他の物体に対して仕事をなしうるためには，物体 A は特殊な状態にあることが必要であり，仕事をなすに従ってこの状態は解消していく。

　　[例] 飛行する弾丸，高所にある水，引き絞られた弓

　このように，仕事をなしうる状態にある物体 A は「エネルギーをもつ」といい，「エネルギーの量」はこれを費やすことによってなされる仕事の量で表す。したがって，エネルギーの単位は仕事の単位と同じである。

　すでにエネルギーをもっている物体に，さらに $F{\cdot}x$ の仕事をすると，その物体のエネルギーは $F{\cdot}x$ だけ増加することとなる。

　前ページ下図は，縦軸を力 F としたので，面積 $F{\cdot}x$ が仕事量，すなわちエネルギーの増加分 E を表す。

　エネルギー E_1，E_2，E_3，$\cdots$，E_n は各短冊の面積であるから，全エネルギー E は，その総面積となる。

13.2　力，運動量，力積

　質量 m の物体が v なる速度をもつ場合，

　　質量と速度の積 $m\cdot v$ を，**運動量**という。（再掲）

　この物体に力 F を時間 T だけ加えて，質量が M，速度が V に増大した場合は

　　　　$F\cdot T = M\cdot V - m\cdot v$

なる関係が成立する。（物理法則）

　力 F と時間 T の積 $F\cdot T$ を，**力積**という。

　力が一定でなく変化する場合は，T を短時間 $t\,(=T/n)$ に区切って，その間は $F_i=$ 一定とし，$(i=1,2,3,\cdots,n)$

　　　　$F_1 t = m_1 v_1 - m_0 v_0,\qquad F_2 t = m_2 v_2 - m_1 v_1$

　　　　$F_3 t = m_3 v_3 - m_2 v_2 \cdots F_n t = m_n v_n - m_{n-1} v_{n-1}$

　　　　$\therefore (F_1 + F_2 + F_3 + \cdots + F_n)t = m_n v_n - m_0 v_0$

として計算すればよい。（この手法は，**仕事**と同様）

　　　　$(M = m_n\qquad V = v_n\qquad m = m_0\qquad v = v_0)$

　この F_1, F_2 等がエネルギー計算に利用されたものとすると，

　　　　$E_1 = F_1 x_1 = (m_1 v_1 - m_0 v_0)x_1/t\qquad E_2 = F_2 x_2 = (m_2 v_2 - m_1 v_1)x_2/t$

　　　　$E_3 = F_3 x_3 = (m_3 v_3 - m_2 v_2)x_3/t \cdots E_n = F_n x_n = (m_n v_n - m_{n-1} v_{n-1})x_n/t$

となる。

　移動距離 x は，下図の各区画内の面積。

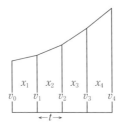

13.3　仕事量の計算

一例として，

$$E_2 = F_2 x_2 = (m_2 v_2 - m_1 v_1) x_2 / t$$

について詳細な計算を示す。

静止質量 m_0 の物体(質点)が，点 $P_1(x = x_1)$ の位置で運動量 $m_1 v_1$ をもつものとすると，次式が成立する。

$$m_1 = \frac{m_0}{\sqrt{1 - \beta_1{}^2}} \quad ただし，\beta_1 = \frac{v_1}{c} \qquad \therefore m_1{}^2(1 - \beta_1{}^2) = m_0{}^2$$

また同じ物体(質点)が，点 $P_2(x = x_1 + x_2)$ の位置で運動量 $m_2 v_2$ をもつものとすると

$$m_2 = \frac{m_0}{\sqrt{1 - \beta_2{}^2}} \quad ただし，\beta_2 = \frac{v_2}{c} \qquad \therefore m_2{}^2(1 - \beta_2{}^2) = m_0{}^2$$

なる式が成立する。

$$\therefore m_2{}^2 - (m_2 \beta_2)^2 = m_1{}^2 - (m_1 \beta_1)^2 = m_0{}^2$$

図で示すと，m_0, m_1, m_2 等は下図のような直角三角形の各辺の長さとなる。

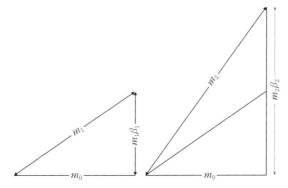

13.4　質量 m とエネルギー E の関係

前式を移項すると次式が得られる。

$$m_2{}^2 - m_1{}^2 = (m_2\beta_2)^2 - (m_1\beta_1)^2$$

両辺に c^2 を乗ずると，　　　　　　　$(F_2 \cdot t = m_2 \cdot v_2 - m_1 \cdot v_1$ を考慮して$)$

$$c^2(m_2{}^2 - m_1{}^2) = (m_2 v_2)^2 - (m_1 v_1)^2$$

$$\therefore c^2(m_2 - m_1)(m_2 + m_1) = (m_2 v_2 - m_1 v_1)(m_2 v_2 + m_1 v_1)$$

$$(m_2 - m_1)c^2 = (m_2 v_2 - m_1 v_1) \cdot \frac{m_2 v_2 + m_1 v_1}{m_2 + m_1}$$

ここまでは，次の二つの式から数学的に導かれた当然の帰結である。

$$m_1 = \frac{m_0}{\sqrt{1 - \beta_1{}^2}} \qquad m_2 = \frac{m_0}{\sqrt{1 - \beta_2{}^2}}$$

しかし，ここに

質点に加えられた<u>力率</u>：$F_2 \cdot t = m_2 \cdot v_2 - m_1 \cdot v_1$

P_1–P_2 間の<u>平均移動速度</u>：$x_2/t = V_2 = \dfrac{m_2 v_2 + m_1 v_1}{m_2 + m_1}$

という解釈が現れると，前式は

$$(m_2 - m_1)c^2 = F_2 \cdot t \cdot V_2$$

となる。$V_2 \cdot t$ は t の時間(力を加えられている時間)における移動距離 x_2 に相当するから，次式となる。

$$(m_2 - m_1)c^2 = F_2 x_2 = E_2$$

同様にして

$$(m_1 - m)c^2 = E_1$$

$$(m_3 - m_2)c^2 = E_3 \quad \cdots \quad (m_n - m_{n-1})c^2 = E_n$$

$$\therefore (m_n - m_0)c^2 = E_1 + E_2 + E_3 + \cdots + E_n = E$$

$$\therefore (M - m)c^2 = E$$

となる。左辺のカッコ内は質量の増加分，右辺は仕事量である。

　すなわち，エネルギー E を加えられた物体は質量が E/c^2 だけ増加したこととなる。

【解説】

　この章は，相対性理論で最も有名な，エネルギーと質量の関係についての説明である。

　この問題は，アインシュタインの最初の論文にはなく，次に発表された論文に登場するが，特殊相対性理論の重要な問題である。

　本書では，この有名な数式を「走行物体の質量増加の式」から数学的に導くことに終始した。これが本書の役目の一つと考えたからである。数学的に導けるということは，両式が本質的に同じ式であることを意味する。

　特殊相対性理論では，力や加速度は扱わないので，力を加えるときの「運動量の変化」は理論の範囲を逸脱していることになるが，ここでは考え方として，

　　（「運動量の変化は力積に等しい」ではなく）

　　「運動量 mv と運動量 m_0v_0 をもっている物体が，既に存在し，これらを比較すると，その差が力積 Ft に等しい」

という考え方で推論を進める。

　したがって，

　　「時間が t [秒] 経過する間に，物体が，速度 v_0 から v に加速されながら x の距離を進む」

という考えではなく，

　　「t [秒] 間に，v_0 から v までの平均速度 V（一定値）で，x の距離を進む」

と考える。

【参考】

　微分積分を御存知の方には，参考文献5の次の記述をご紹介しよう。
（⬭部は著者による加筆。）

　質量 m なる物体が F なる力の作用の下に，その方向に s なる変位を受けたとすれば，物体のエネルギーの増加 $\varDelta E$ は

$$\varDelta E = \int F\,ds. \tag{1}$$

$\varDelta t$ の時間に $\varDelta(mv)$ なる運動量の変化を受けたとすれば，

$$F = \frac{d(mv)}{dt}. \tag{2}$$

$$\therefore \varDelta E = \int \frac{d(mv)}{dt}\,ds = \int v\,d(mv). \tag{3} \quad \boxed{\because ds = v\,dt}$$

然るに，$m = \dfrac{m_0}{\sqrt{1-\dfrac{v^2}{c^2}}}$ であるから，$v = \dfrac{c}{m}\sqrt{m^2-m_0^2}$.

$$\therefore 1-\frac{v^2}{c^2} = \frac{m_0^2}{m^2} \qquad \therefore 1-\frac{m_0^2}{m^2} = \frac{v^2}{c^2} \qquad \therefore mv = c(m^2-m_0^2)^{0.5}$$

$$\frac{d(mv)}{dm} = c\,\frac{d(m^2-m_0^2)^{0.5}}{dm} = 0.5c(m^2-m_0^2)^{-0.5}\cdot 2m = c\cdot\frac{m}{\sqrt{m^2-m_0^2}}.$$

$$\therefore d(mv) = \frac{c\cdot m}{\sqrt{m^2-m_0^2}}\,dm$$

(3)に入れ，

$$\frac{c\sqrt{m^2-m_0^2}}{m}\,d(mv) = \frac{c\sqrt{m^2-m_0^2}}{m}\cdot\frac{c\cdot m}{\sqrt{m^2-m_0^2}}\,dm = c^2dm.$$

$$\varDelta E = \int \frac{c}{m}\sqrt{m^2-m_0^2}\,d\left(c\sqrt{m^2-m_0^2}\right) = c^2\int dm. \qquad \therefore \varDelta E = c^2\varDelta m.$$

　故に物体の質量が $\varDelta m$ だけ増加すれば，そのエネルギーが $c^2\varDelta m$ だけ増加する。又，物体が $\varDelta E$ だけエネルギーを増すことは，その質量が $\dfrac{\varDelta E}{c^2}$ だけ増したことに相当する。

　換言すれば物質不滅の法則とエネルギー不滅の法則とは別のものではない。

【参考】 直角三角形に関する数式

[三角関数の定義]

$$\overset{\text{サイン}}{\sin}\theta=\frac{B}{C}\qquad\overset{\text{コサイン}}{\cos}\theta=\frac{A}{C}$$

$$\overset{\text{タンジェント}}{\tan}\theta=\frac{B}{A}$$

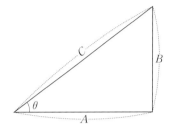

[ピタゴラスの定理]

$$\sin\theta=\frac{C_B}{B}=\frac{B}{C}\qquad\therefore C_B=\frac{B^2}{C}$$

$$\cos\theta=\frac{C_A}{A}=\frac{A}{C}\qquad\therefore C_A=\frac{A^2}{C}$$

$$\therefore C=C_A+C_B=\frac{A^2+B^2}{C}$$

$$\therefore C^2=A^2+B^2$$

$$\therefore A^2=C^2-B^2$$

$$\therefore\left(\frac{A}{C}\right)^2=\frac{C^2-B^2}{C^2}=1-\left(\frac{B}{C}\right)^2\qquad\frac{A}{C}=\sqrt{1-\left(\frac{B}{C}\right)^2}$$

[ピタゴラスの定理の応用]

　本書に用いる数式のため，次のように書き換える。

　　C → c：光速度，B → v：車上空間の速度

$$\frac{v}{c}=\beta=\sin\theta\qquad\frac{\sqrt{c^2-v^2}}{c}=\sqrt{1-\beta^2}=a=\cos\theta$$

$\left[\tan\theta = \dfrac{\sin 2\theta}{1+\cos 2\theta}\text{の証明}\right]$

$B\dfrac{1+\cos 2\theta}{A} = \sin 2\theta$　　∴ $\tan\theta = \dfrac{B}{A} = \dfrac{\sin 2\theta}{1+\cos 2\theta}$

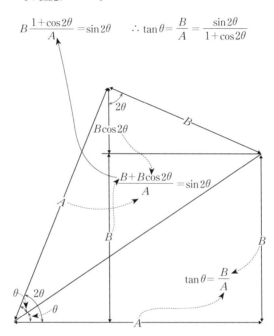

2θ

$B\cos 2\theta$

$\dfrac{B+B\cos 2\theta}{A} = \sin 2\theta$

B

θ　2θ

θ

B

$\tan\theta = \dfrac{B}{A}$

A

以上は，三角関数とピタゴラスの定理(三平方の定理)についての簡単な説明である。

それ以外の数式や演算は，中学の数学で理解できるように書いたつもりである。

あ と が き

　本書は，地上に静止する空間 C において等速度で前進・後進する質点 B および A を考え，

　　その中心 C（空間 C の原点）の時間軸（垂直線）に対して，

　　A 点とともに移動する空間 A，および

　　B 点とともに移動する空間 B とを対称的に画く時間・空間図を考案して，両空間の物体の長さ，質量，時間の関係を説明したものです。

　　ミンコフスキーの時空図にヒントを得て作成した，この

　　空間 A, B の斜交座標の組合せ図

は，予想どおり各座標軸は同一目盛であり，A と B の関係は一目瞭然です。

　この図法が面白いほど単純にローレンツ変換などを説明できるので，公表する義務があると思い，2008 年に初版を執筆しました。

　時間軸と空間軸とを傾斜させる――という表示方法を，数学者ヘルマン・ミンコフスキーが考案したのは 1908 年でした。1908 年といえば，初版本を書いた 2008 年のちょうど 100 年前にあたります。因縁を感じます。迂闊でしたが，ちょうど 100 年経過したとはまったく気がつきませんでした。ミンコフスキー先生の導きがあったのかも知れません。

　初版から 10 年以上を経て，空間 C の役割についてさらに思索を進める中で，空間 C の時間軸が「対象軸として」よりも「重心の時空連続体として」の重要性をもっていると認識するに至りました。今回これを反映させ，改訂版を上梓いたしました。

　執筆の過程で，前著ではあまり感じなかった「一寸先は闇」という空間の不思議さをも感じました。

　著者は，相対性理論に関する専門の物理学者ではなく，一介の電気技術者にすぎないので，論旨に誤りがあるかもしれません。ご指摘，ご教示頂ければ幸いです。

　最後に，丸善プラネット株式会社には，二度に亘って私の自己流の要求を了承して頂き，感謝申し上げます。

2023 年 4 月

よし　ざわ　たけ　し
吉　澤　武　司

主な文献

1 アインシュタイン 著，内山龍雄 訳・解説，相対性理論(岩波文庫)，1988 年，岩波書店.

2 湯川秀樹 監修，中村誠太郎・谷川安孝・井上　健 訳・編，アインシュタイン選集 1──特殊相対性理論・量子論・ブラウン運動，1994 年，共立出版.

3 Edward M.Purcell 著，飯田修一 監訳，バークレー物理学コース第 2 巻　電磁気(第 2 版)，1992 年，丸善.

4 寺澤寛一 監修，物理学 上下巻(四訂版)，1948 年，裳華房.
　　　　　　　　　　　　　　(著者が高校時代に学んだ参考書です。)

5 金原寿郎 著，電磁気学(I)(II)，1990 年，裳華房.

6 山田直平 著，電気磁気学，1952 年，電気学会.

著者略歴

吉澤　武司 (よしざわ・たけし)
東京大学 工学部 電気工学科 卒業(1955 年 3 月)
日本国有鉄道 職員(1955 年 4 月〜1982 年 3 月)
(高崎鉄道管理局 電気部長，鉄道技術研究所 電車線研究室長 等)
三和テッキ株式会社 顧問(1982 年 4 月〜2002 年 6 月)
東洋大学 非常勤講師［電気鉄道］を兼務(1984 〜 1999 年度)

ひと目でわかる
図解 特殊相対性理論　改訂版

2009 年 1 月 30 日　　初　版発行
2023 年 6 月 30 日　　改訂版発行

著作者　　吉　澤　武　司　　　　　　　　©2023

発行所　　丸善プラネット株式会社
　　　　　〒101-0051　東京都千代田区神田神保町2-17
　　　　　電話 (03)3512-8516
　　　　　https://maruzenplanet.hondana.jp/

発売所　　丸善出版株式会社
　　　　　〒101-0051　東京都千代田区神田神保町2-17
　　　　　電話 (03)3512-3256
　　　　　https://www.maruzen-publishing.co.jp/

組版・印刷・製本 / 三美印刷株式会社

ISBN 978-4-86345-546-7 C0042　　　　　　Printed in Japan